茶 艺

国粹图典 茶艺

陆 机 编著

中国画报出版社·北京

图书在版编目（ＣＩＰ）数据

茶艺 / 陆机编著. -- 北京 ：中国画报出版社，
2016.9
（国粹图典）
ISBN 978-7-5146-1364-3

Ⅰ．①茶… Ⅱ．①陆… Ⅲ．①茶艺－中国－古代－图
集 Ⅳ．①TS971.21-64

中国版本图书馆CIP数据核字(2016)第224505号

国粹图典：茶艺

陆机 编著

出 版 人：于九涛

责任编辑：郭翠青

助理编辑：魏姗姗

责任印制：焦　洋

出版发行：中国画报出版社

（中国北京市海淀区车公庄西路33号　邮编：100048）

开　本：16开（787mm×1092mm）

印　张：10.75

字　数：180千字

版　次：2016年9月第1版　　2016年9月第1次印刷

印　刷：北京博海升彩色印刷有限公司

定　价：35.00元

总编室兼传真：010-88417359　　版权部：010-88417359

发行部：010-68469781　　010-68414683（传真）

前言

　　中国是茶的故乡，茶是中国的国饮，中国人制茶、饮茶已有几千年的历史，由品茶而衍生出的茶艺更成为中国传统文化的重要内容。

　　中国传统茶艺从最早单纯的烹煮羹饮发展到后来的泡饮，其手法也逐渐成熟化、优美化。其所包括的选茶、择水、配具、冲泡、品饮等几个重要内容使人们在饮茶中多了一份美的享受。

　　传统茶艺对中国古代社会生活的各个方面都产生过影响：早在唐代，陆羽就提出"精行俭德"的茶人精神，将饮茶与人的品行修养联系起来，由此形成文人茶艺；而修行之人认为品茶与修禅之间意蕴相合，禅茶一味，由此形成寺院茶艺；皇家等级森严，饮茶有着诸多的讲究，由此形成宫廷茶艺；民间风俗各异，喜好有别，饮茶习俗上各有不同，由此形成种类繁多的民间茶艺。

　　本书回顾了中国传统茶艺历史、流程及具体的茶艺展示，介绍了茶艺中的基本形态以及其中所体现的中国传统文化，并配有大量图片进行解说，以帮助读者更加直观、具体地了解中国传统茶艺文化。

目录

目录

一

茶艺溯源

茶艺，起源于中国，古时称为"茶道""茶礼"，指泡茶和饮茶的技艺。中国是茶的原产地，也是制茶技术的发源地，茶艺在中国有着深厚的文化根基。

从汉代到南北朝时期，饮茶活动在江南已经蔚然成风，唐宋时期得到进一步发展，明清时期开始完善。人们了解茶艺，欣赏茶事，这是亲近中国传统文化的一个贴切的角度，可以从茶艺之中体会到中国传统文化的博大与精深。

神农氏与茶

中国是茶叶的故乡，有着悠久的产茶历史和饮茶习俗，但中华"茶祖"是谁呢？早在唐代，被后人尊称为"茶圣"的陆羽便给出了答案，他在《茶经》中记述："茶之为饮，发乎神农氏，闻于鲁周公。"

神农氏在中国古代被奉为农耕之神、医药之神。他生活的年代无医无药，为解除人类的这些疾苦，神农便有了尝百草的举动。他在尝百草的过程中，分辨出哪些植物有毒，哪些植物可以当作药物，并在这一过程中发现了茶。

而说茶"闻于鲁周公"是出自周公所著的《尔雅》。《尔雅》载："槚，苦茶。"这里的"苦茶"即茶。鲁周公是正统儒家"礼"的代表，是"礼"的化身。陆羽说茶"闻于鲁周公"便是借周公将茶与"礼"联系了起来。

神农尝百草

传说神农氏因为尝百草屡屡中毒，有一次神农一天之内服下了好几种有毒的草，感觉口干舌麻，五内欲焚，倒在大树下。随着一阵风吹过，树上飘落几片树叶，神农取来放入口中咀嚼，其味苦涩，但觉麻木消除，舌底生津，并感到气味清香，食后醒脑提神，于是采叶而归，定其名曰"荼"（即茶），将其作为解毒的药物来食用。

神农氏像

茶陵印

茶陵印出土于湖南省长沙，是一枚滑石印，印面刻有阴文"茶陵"二字。据考证，此印应刻于汉武帝时期，可见汉朝时，长江中游地区就有以茶为名的"茶陵"了。今天名为"茶陵"的地方在江西、湖南和广东三省接壤之处，相传神农氏就葬在这里

神农架风光

　　神农氏只是上古传说中的人物，也许并未真的存在，不过，在中原大地上却留有许多与他有关的遗迹。在湖北省接近川、陕交界处的神农架原始森林中便盛产包括茶在内130余种的药材

周公"制礼作乐"对茶艺的影响

　　鲁周公是西周开国君主周文王的次子，周武王的弟弟。他曾助武王灭商，武王死后因成王年幼曾一度摄政。在其主持下制定的行为规范，以及相应的典章制度、礼节仪式，涉及了古代生活的方方面面，对后世茶艺礼仪、制度的建立，影响也非同一般。

周公像（清）

茶圣陆羽与《茶经》

中国的茶文化是在唐代发展起来的，并由此奠定了坚实的基础。唐代封演所著的《封氏闻见记》中有"茶道大行，王公朝士无不饮者"之句，出现了"茶道"一词。这说明唐时茶道已在王公贵族中广为流行，并形成了一定的程式。而中国茶艺最终形成的标志是陆羽所著《茶经》的问世。

陆羽（733—804），字鸿渐，一名疾，字季疵，复州竟陵（今湖北省天门）人，生活在中唐时期。陆羽对茶有浓厚的兴趣，熟悉茶树栽培、育种和加工技术，并擅长品茗。在走访各地考察茶叶的过程中，陆羽常常独行山野，杖击林木，开辟道路，一边诵经吟诗，一边采茶觅泉，评茶品水。后来他放弃了学而优则仕的传统文人之路，拒绝就职，甘心做"野人"，一心事茶，这才著成《茶经》，被后人尊称为茶圣。

《茶经》共分十篇。

一之源，介绍了茶的性状、生长环境和茶的效用。

二之具，介绍了采茶和制茶用的工具及使用方法。

三之造，介绍了蒸青绿茶的采制、加工、分类及鉴别方法。

四之器，详细叙述了二十八种煮茶和饮茶用具的名称、形状、用材、规格、制作方法、用途，以及器具对茶汤品质的影响等，还论述了各地茶具的优劣及使用规则。

五之煮，重点介绍了烤茶的方法、泡茶用水和煮茶火候，以及煮沸程度和方法对茶汤色、香、味的影响。

六之饮，重点介绍了从采摘到饮用的整个过程以及注意事项。

七之事，是整部《茶经》中篇幅最

陆羽雕塑

长的一篇，以人物为线索，介绍了我国数千年的茶事活动。

八之出，主要介绍茶的产地。

《茶经》书影

《茶经》集唐代茶学之大成，是中国最早的一部茶学百科全书、世界上第一部茶叶专著，还是第一本全面论述茶艺的书籍。《茶经》的出现使普通的饮茶活动有了完整的程式，并上升到了技艺的层次。

九之略，说的是茶具、茶器和制茶、煮茶的简略情况。

十之图，是把以上九篇内容做成挂图挂在墙上。

《茶经》中的四、五、六、九篇是直接与茶艺有关的部分。可见，在唐代，中国古代的茶艺就已经形成了一套完整的体系。纵观中国古代文人的茶学著作可以发现，这些著作不但多以《茶经》为基础，而且对其推崇有加。正如宋代文人梅尧臣诗中所言："自从陆羽生人间，人间相学事新茶。"

左有一老仆人蹲在风炉旁，手持"茶夹子"欲搅动"茶汤"

炉上置一锅，锅中水已煮沸，茶末应已放入

一童子弯腰持茶托盏，准备"分茶"

矮几上放置茶盏、茶罐等用具

《萧翼赚兰亭图》[局部]阎立本（唐）

《萧翼赚兰亭图》再现了古代僧人以茶待客的史实，陆羽所记录的唐代烹茶、饮茶所用的茶器、茶具，以及烹茶方法和过程皆有所体现

茶艺

唐天宝十一年（752），陆羽已在文学上小有成就，同时他对地理和茶叶也有着浓厚的兴趣。在兴趣的驱使下，他决定出游巴山峡川，考察地理，评茶论水，踏上了艰难的寻茶之路。

唐至德初年（756），陆羽为躲避战乱，寄居在升州（今江苏省南京）的栖霞寺，一心钻研茶事。但此时的陆羽仍是"隐而不隐，居不久居"，常与"名僧高士，谭宴永日"，不时周游名山大川。他更与名僧皎然结为忘年之交。在皎然的帮助下，陆羽全力展开对吴兴人文、历史、地理、茶叶的考察研究，这些游历极大地丰富了《茶经》的内容。

湖州

主要包括现在的浙江省湖州市及长兴县。这些地方是陆羽居住时间最长、考察茶叶产地最多的地方。其中，青塘别业是陆羽定居湖州时著述《茶经》的地方

庐山

位于江西省北部的名山。明朝正德年间《南康府志》记载：陆羽"尝梦游庐山，后抵此，果如梦中所见，欣然曰今非梦矣"，还载有"招隐泉，旧名六（陆）羽泉，在石桥潭，陆羽《茶经》品为天下第六泉"，"谷帘泉，去府西三十五里，其水如帘，布岩而下三十余，陆羽《茶经》品为天下第一泉"

上饶

今江西省上饶。清同治十一年(1872)《上饶县志》记载陆羽在上饶的新居："陆鸿渐宅在府城西北茶山广教寺。昔唐陆羽尝居此，号东岗子。刺史姚骥尝诣所居。凿沼为溟渤之状，积石为嵩华之形。隐士沈洪乔葺而居之。图经羽性嗜茶，环有茶园数亩，陆羽泉一勺。"孟郊在《题陆鸿渐上饶新开山舍》中曰："惊彼武陵状，移归此岩边；开亭拟贮云，凿石先得泉。"并将他在上饶城北的茶山上凿石开出的泉水称为陆羽泉

抚州

今江西省抚州。在唐代诗人戴叔伦的诗作中有陆羽曾到过抚州的主要证据。据《上饶县志》记载，陆羽还曾"移至洪州玉芝观"住过

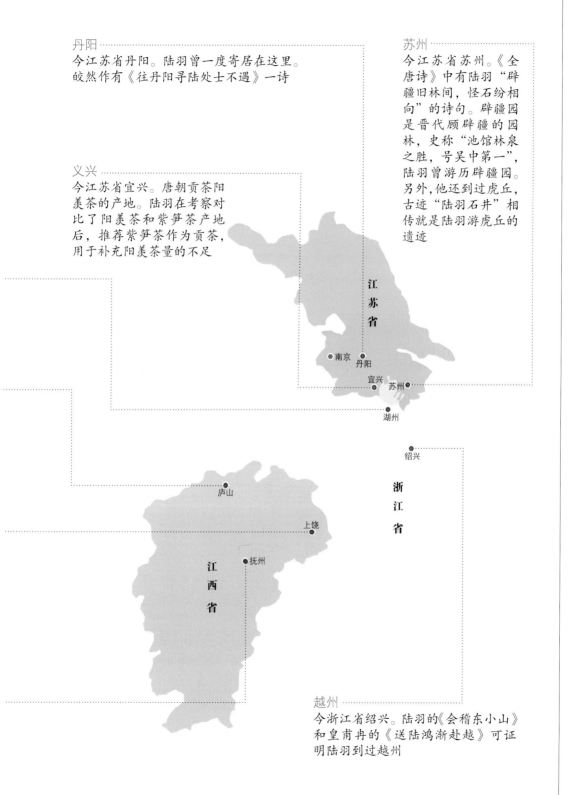

丹阳

今江苏省丹阳。陆羽曾一度寄居在这里。皎然作有《往丹阳寻陆处士不遇》一诗

苏州

今江苏省苏州。《全唐诗》中有陆羽"辟疆旧林间，怪石纷相向"的诗句。辟疆园是晋代顾辟疆的园林，史称"池馆林泉之胜，号吴中第一"，陆羽曾游历辟疆园。另外，他还到过虎丘，古迹"陆羽石井"相传就是陆羽游虎丘的遗迹

义兴

今江苏省宜兴。唐朝贡茶阳羡茶的产地。陆羽在考察对比了阳羡茶和紫笋茶产地后，推荐紫笋茶作为贡茶，用于补充阳羡茶量的不足

江苏省

南京 丹阳

宜兴 苏州

湖州

绍兴

浙江省

庐山

上饶

抚州

江西省

越州

今浙江省绍兴。陆羽的《会稽东小山》和皇甫冉的《送陆鸿渐赴越》可证明陆羽到过越州

◆ 贡茶

贡茶是中国古代专门进贡朝廷供皇室享用的茶叶。早在周武王时期就有巴蜀茶叶进贡的记载，但那时只是作为土特产品纳贡，未形成制度和规模。到了唐代，由于皇室和官吏们对茶的需求越来越大，作为土贡的茶叶已无法满足供应，于是建立了贡茶制度，还设置了贡茶院（贡焙），以创制上等名茶上贡朝廷。

唐代的贡茶主要是蒸青饼团，方圆大小不一，据《新唐书·地理志》记载，唐时贡茶遍及五道十七州府，主要有剑南的"蒙顶石花"、湖州的"顾渚紫笋"、福州的"方山露芽"等品目。

唐德宗贞元五年（789），朝廷限令贡茶必须在清明前送达京城，这个时期的顾渚贡茶被称为"急程茶"。朝廷

顾渚山皇家贡茶院遗址

顾渚山紫笋茶园

浙江省顾渚山贡茶院在紫笋茶焙制鼎盛时期，山上采茶役工达三万余人，制茶工匠达千余人，焙茶工场有百余所，制茶工房有三十余间，贡茶产量之多堪称全国之冠。历任湖州刺史均监制贡茶，立春就要进山，直至谷雨后才能离开茶山。此情此景可在唐代张文规的《湖州贡焙新茶》一诗中见到："凤辇寻春半醉回，仙娥进水御帘开。牡丹花笑金钿动，传奏吴兴紫笋来。"

1 采茶
在 2~4 月采摘，雨天和多云天气不采茶。

2 蒸茶
锅内注水，用竹篮盛放采拣的鲜叶，放入甑上，蒸汽杀青，去除青味。

3 捣茶
将蒸过的鲜叶倒进甑内，搅拌，待水分晾干后，用杵臼捣碎。

4 拍压
把碎茶装进模内，拍打成饼状。

5 烘焙
将拍压成的饼茶以高温焙干，使之形状固定。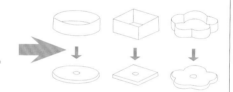

6 穿串
取出茶饼，用绳子穿起来。

7 封茶
为便于贮存，将饼茶打包封存。

茶艺溯源

蒙顶山位于四川省雅安境内，产茶历史悠久，被称为"仙茶故乡"。皇茶园坐落在蒙顶主峰的五个小山头之中，从唐代开始出产贡茶，宋孝宗淳熙十三年（1186）正式命名为"皇茶园"。

蒙顶茶是蒙顶山所产名茶的总称，从唐玄宗天宝元年（742）始作贡茶，在宋明两代达到鼎盛时期，一直沿袭到清代，历经1200余年从不间断，成为中国贡茶之最。

园后的石虎雕像，源自白虎护茶的神话

石门两侧刻有楹联"扬子江心水，蒙山顶上茶"，横额为"皇茶园"

园内尚存七株贡茶

围绕皇茶园的石栏始建于唐代

蒙顶山皇茶园

蒙顶甘露

中国最古老的名茶。据考，它是在总结宋宣和二年（1112）创制的"玉叶长春"和宋宣和十年（1120）创制的"万春银叶"两种茶炒制经验的基础上研制成功的。蒙顶甘露外形紧卷多毫，嫩绿色润，香气馥郁、芬芳。汤色碧清微黄，清澈明亮，滋味鲜爽、浓郁回甘。叶底嫩芽秀丽、匀整

蒙顶黄芽

蒙顶黄芽外形扁直，色泽嫩黄，芽毫显露，甜香浓郁，汤色黄亮，滋味鲜醇回甘，叶底全芽，嫩黄匀齐。为蒙山茶中极品

力求显赫，催茶时日越来越早，"阴岭芽未吐，使曹牒已频"。 贡茶制度的建立虽然促进了制茶技术和饮茶艺术的提升，却给采茶农工增加了沉重的负担。每到收茶季节，朝廷使臣及地方官吏便纷纷涌向茶区，监督茶农采制贡茶。当时采制贡茶的情况可在唐代诗人李郢的《茶山贡焙歌》中窥见："春风三月贡茶时，尽逐红旌到山里。焙中清晓朱门开，筐箱渐见新芽来……"

宋代是中国历史上茶文化大发展的一个重要阶段，也是中国传统茶艺的大发展时期，对茶叶的制作精良程度要求极高。这一时期茶叶生产由饼茶发展到团茶，贡茶极品龙凤团茶的创制更将茶叶加工技术推向极致，同时饮茶方式也有了较大变化，点茶成为当时最流行的茶艺活动。宋代贡茶工艺的不断发展，以及皇室的嗜茶，引发宋代文人及民间的好茗，使品茗艺术迅速发展起来。

"前丁后蔡"与龙团茶

"前丁"指的是北宋名臣丁谓，他曾出任宰相，封晋国公。"后蔡"指的是蔡襄，官至端明殿学士。龙团茶的研制过程较长，在丁谓时开始创制，后由蔡襄正式督造入贡，二人对龙团茶加工技艺的发展做出了巨大贡献，故有"前丁后蔡"之说。

此外蔡襄还是著名的书法家，为"宋四家"之一。他著有《茶录》一书，主要论述了茶汤的品质和品饮方法，是一部颇具特色的茶艺专著。后人以其手写本为蓝本制成石刻，成为"有宋以来"的稀世之珍。

蔡襄

《茶录》（拓片）蔡襄

龙凤团饼茶线描图

　　北宋贡茶中最有名的当属产于建安（今福建省安溪县）北苑的龙团凤饼，又称"龙凤茶"，堪称茶中至尊。龙凤茶不仅选料上乘，制作技术精良，其玲珑各异的造型也显其身价尊贵。据《福建通志》所载，龙凤茶为饼状茶团，属蒸青片类，均饰以龙凤图案。龙凤茶有八饼重一斤，也有二十饼重一斤。形状有方形、圆形等，尺寸也各异。宋徽宗赵佶《大观茶论》载："本朝之兴，岁修建溪之贡，龙团凤饼，名冠天下。"

　　北苑贡茶的采制技术极其讲究，宋代赵汝砺所著的《北苑别录》中有详细记载，基本过程包括采茶、拣茶、蒸茶、洗茶、榨茶、搓揉、再榨茶、再搓揉反复数次、研茶、压模（造茶）、焙茶、过沸汤、再焙茶过沸汤反复数次、烟焙、过汤出色、晾干。

采茶
需在天亮前太阳未升起时进山采茶。这时的茶芽在夜露滋润下更显肥润，所制之茶才会色泽鲜明。为防茶芽受损，一律要用指尖采摘。

拣茶
制造"龙团胜雪"和"白茶"只能用形如鹰爪的小芽，所以要剔除混在其中的大芽、中芽、紫芽、白合（一芽二叶）、乌蒂等；一旦混入，茶饼表面将有斑驳，且色浊味重。

3

蒸茶

茶芽要反复用水清洗干净，然后放到甑器中，水沸后即可蒸之。蒸茶要适度，过熟或不熟都会影响茶的品质。过熟的茶色黄而味淡；不熟的茶色青而易沉淀，且有青草味。

4

榨茶

先将蒸熟的茶芽（称茶黄）用水反复淋洗使其冷却，然后用布包好放到小榨床上榨去水分，再移至大榨床，进一步除去多余的茶汁。然后取出进行搓揉、再压榨（称翻榨），直至压不出茶汁为止。

6

压模（称造茶）

将研好的茶叶装在刻有龙凤花纹的圈（模）中，压紧造铐（固定形状的茶），取出团饼茶摊在笪（竹席）上，稍干后进行烘焙。

5

研茶

用陶盆装已榨好的茶叶，然后用椎木反复杵捣。研之前先加水（凤凰山上的泉水），以每片（团）茶的数量定加水量，如制龙团胜雪与白茶，每片加水十六杯，制拣芽加水六杯，小龙凤加水四杯，大龙凤加水两杯，其余均为十二杯。边加水边研，每杯必至水干茶熟而后研之，茶不熟，茶饼面不匀，且冲泡后易沉淀。

7

焙茶（称过黄）

先在烈火上焙之，再过沸水浴之，反复三次后，进行文火（烧柴）烟焙数日至干，火不宜大，也不宜烟。烟焙日数依铐（饼茶）之厚薄而定，铐厚者需焙10~15日，铐薄者6~8日已够。

8

过汤出色

使焙干之饼茶过汤（沸水）出色，出色后置密室，急以扇扇之，则色泽显自然光莹。

元代宫廷饮茶的规模不及宋代，仅部分保留了宋代的一些御茶园。明代随着炒青技术的发展，以采摘细嫩芽叶炒成形态各异的茶叫成为贡茶的主要品种。

清代宫廷饮茶风气最盛，历朝皇室所消耗的贡茶数量相当惊人。清初查慎行在任翰林院编修官时，在《海记》中对康熙年间的各地贡茶列有条目，江苏、安徽、浙江、江西、湖北、湖南、福建等省的七十多个府县每年向宫廷所进的贡茶即达一万三千九百多斤。贡茶以烘青茶、炒青茶为主，制作更加精细，外形千姿百态。清代中期乌龙茶、红茶、黑茶都已出现，其中属于黑茶的普洱茶从采撷到运输经过严格的审查，盖封印，并有专人护送，经过骡马茶道数千公里辗转运往北京，极为不易。

普洱茶贡茶所得的茶匾

茶画《采茶入贡》（清）

◆ 斗茶

斗茶，又称"茗战"，是古人对茶质优劣进行品评的一种技艺与风俗，其独特的方式是中国古代品茶艺术的集中体现。

斗茶能在宋代风行一时跟宋徽宗赵佶的好茶有关。宋徽宗赵佶极为嗜茶，在其所著的《大观茶论》一册中写道："天下之士，励志清白，竞为闲暇修索之玩，莫不碎玉锵金，啜英咀华。较箧笥之精，争鉴裁之别，虽下士于此时，不以蓄茶为羞。"他还盛赞斗茶为"盛世之清尚也"。古人进行斗茶或观看斗茶都是一种享受，对用料、器具以及烹制方法都有非常严格的要求。北宋文学家范仲淹在《和章岷从事斗茶歌》中写道："鼎磨云外首山铜，瓶携江上中泠水。黄金碾畔绿尘飞，碧玉瓯中翠涛起。斗茶味兮轻醍醐，斗茶香兮薄兰芷……"为后世再现了当时人们以斗茶为乐的精彩画面。

评判斗茶胜负有两大标准，一要看汤色，二要看汤花。宋代斗茶以白为贵，通过观汤色能反映出茶的采制技艺的高低。汤色纯白表明所采摘的茶为嫩芽，制作也恰到好处。汤花的色泽要鲜白，而且汤花持续时间要长久。

斗茶的用具主要是瓶、盏和筅。茶瓶用来煮水和注汤。宋时的茶瓶细颈鼓腹，单柄长流。盏，当时人们推崇用建州出产的黑釉盏，因为其盏口大，盏壁斜直，易于容纳汤花。筅，击拂用具，多以老竹制成。

宋人很重视水品，认为水的好坏、煎水的老与嫩均能直接影响斗茶的胜负。明方邦宁的《茗史》载："苏才翁与蔡君谟斗茶，蔡用惠山泉，苏茶小劣，用竹沥水煎，遂能取胜（竹沥水，天台泉名）。"可见，择水对斗茶胜负的作用不容忽视。

斗茶用的是饼茶，以建安北苑所出的白茶最好。茶饼先要用纸包好且槌碎，然后马上放入碾中碾碎。碾时要用力且快速，不能太久。碾完后过罗，才能使"粥面光凝，尽茶之色"。

调膏是斗茶的第一个环节。调膏之

汤社

汤社始创于五代时期，是一个由茶人组成的研究茶艺的组织。创始人是梁人和凝，社员基本是和凝同朝的官员。他们在一起交流茶学，还常进行烹茶技艺方面的评比，品评各自煎泡出来的茶味的优劣，味道差的人要受到相应的惩罚，与宋代流行的"斗茶"极为相似。可以说，汤社开了我国茶艺中"斗茶"形式的先河。

前先温盏，只有盏热茶味才不容易改变。调膏时要注意茶与水的比例，先在茶盏中投入适量的茶末，然后注入适量的沸水。用茶筅回环搅动，调成具有一定浓度和黏度的膏状，成膏后要及时点汤。

点汤是斗茶过程中一个关键环节，是把煎好的水注入茶盏中。点汤时，持瓶手臂的灵活运转非常重要，要有节制，落水点要准，使水从瓶嘴中喷薄而出，形成水柱，避免断续滴沥时有时无的断脉汤。汤点到合适程度时要一下即收，

避免有零星水滴，否则会破坏汤面。如无节制，注水盈盏，则破坏了应有的比例关系，形成大壮汤。

击拂也是斗茶过程中一个关键环节，就是在点汤的同时用"茶筅"旋转击打和拂动茶盏中的茶汤，使之泛起汤花。茶筅运用得好，汤面能幻化出各种物象，而且不会留水痕。

"胜若登仙不可攀，输同降将无穷耻"，这是范仲淹描写斗茶的诗句，由此看来宋代的文人墨客非常喜好斗茶这个活动。

汤热点
（茶壶）

茶炉

茶仓

茶杯

茶筒

水盂

茶罐

《斗茶图》[局部]刘松年（南宋）
刘松年为南宋著名画家。此图描绘了南宋时期茶人
在松树林间斗茶（"茗战"）的场景

年轻者正执
壶注茶

年轻者倚着茶笼，意态
自若地站在一旁注视

一年长者昂首挺
胸，望着对方，右
手拎着炭炉，左
手持杯，品味茗
香，一副胸有成
竹的样子

另一年长者左手所持茶
杯已饮尽，右手所持一
杯茶也已品尽，他还满
心期待着从杯底探出心
仪之香来

《斗茶图》[局部]赵孟頫（元）

　　图中绘有四人，他们担着茶挑，随身带着茶炉、茶瓶、茶盏等器具，聚在一起比技
巧、斗输赢，场面十分热闹。随着元代斗茶之风渐渐消隐，这幅《斗茶图》也 成为后
世对斗茶的追想与怀念

《群仙集祝图》[局部]汪承霈（清）

　　描绘了斗茶会上人们进行准备的场景

◆ 散茶

散茶是未经压制成团或成饼的茶叶，原料较细嫩且芽叶完整。唐宋时期，团饼茶深受上层社会的欢迎，盛行一时，成为当时饮茶的主流，散茶没有得到重视。但由于团饼茶的制作、加工、冲饮过于烦琐，到元朝时，团饼茶越来越受到冷落，散茶逐渐开始兴盛起来。明洪武二十四年（1391），明太祖朱元璋体恤茶农，下诏"罢造龙团，惟采茶芽以进"后，散茶便大行其道。朱元璋的第十七个儿子朱权也精于茶事，认为经过精工细作之后的茶叶失去了天然的风味，所以也大力提倡生产散茶。因为皇权的干预，散茶很快成为汉族饮茶的主流，尤其是到了明中叶，随着炒茶法的逐渐普

明太祖朱元璋画像

朱元璋是明朝的开国皇帝，他出身平民，曾饱受疾苦，深知茶农的艰辛，加之秉性简朴，认为龙凤团茶的制造过程过于劳民伤财，所以才有了"罢造龙团"的决定。此举不仅解除了茶农的疾苦，也极大地促进了后世散茶的发展

散茶的发展			
朝代	发展状况	有史可查	制作工艺
唐朝	不是主流，散茶生产、消费的数量不大，以饼茶为主	《茶经》载："茶有粗茶、散茶、末茶、饼茶者。"	未形成，是团茶制作工艺的省略
宋朝	以团饼茶为主，但散茶有所发展，出现蒸青散茶	《宋史·食货志》载："茶有二类，曰片茶（即团饼茶），曰散茶。……散茶出淮南、归州、江南、荆湖，有龙溪、雨前、雨后之类十一等。"	蒸青法
元朝	茶类生产开始转向散茶，团饼茶只作为贡茶，民间一般饮散茶	元代王桢的《农书》对当时制蒸青散茶工序有详细记载："采讫，一甑微蒸，生熟得所。蒸已，用筐箔薄摊，乘湿揉之，入焙，匀布火，烘令干，勿使焦。"	蒸青法

及,散茶成为当时饮茶的主流,中国茶艺从此进入了一个全新的时期。

到了清代,茶已经完全融入人们的日常生活中,重要的标志就是茶馆如雨后春笋般出现,成为各阶层社会活动的场所。另外,这一时期最令人瞩目的是宫廷饮茶的规模和礼俗较前代有所发展,在现存的清代茶诗文中,仅乾隆皇帝的御制茶诗就有几十首。

茶歌

观采茶作歌

清·乾隆

火前嫩,火后老,惟有骑火品最好。
西湖龙井旧擅名,适来试一观其道。
村男接踵下层椒,倾筐雀舌还鹰爪。
地炉文火续续添,干釜柔风旋旋炒。
慢炒细焙有次第,辛苦工夫殊不少。
王肃酪奴惜不知,陆羽茶经太精讨。
我虽贡茗未求佳,防微犹恐开奇巧。
防微犹恐开奇巧,采茶揭览民艰晓。

诗中记述的是乾隆皇帝亲眼目睹了龙井茶区采茶、制茶的经过,最后一句以关心茶农辛苦而收笔,为全诗点题。

竹篮、竹篓多用竹篾编成,可手提、背负或系在腰上,通风透气,可保持茶叶新鲜

采茶人正将竹篓里采来的茶叶倒入竹筐中

茶园依山傍水,孕育好茶

采茶又叫"摘山""摘茶"。手工采茶分双手采、提手采和强采

插画《采茶图》(杨信绘)

19

清朝历代皇帝都好饮茶，尤其是"康乾盛世"时期，因康熙、雍正和乾隆对茶的喜饮偏爱，使得这一时期茶叶生产达到鼎盛，是茶史上最为繁荣的时期。

图国
典粹

**茶
艺**

将采下的茶叶运来拣茶

拣茶
剔除发黄、老叶、茶梗等杂物

将拣好的茶叶送至晒场

发酵
可去掉茶叶的青涩味，使味道、颜色更好

揉捻
将茶叶捣碎，茶汁黏附叶表，受压而变得紧结

晒茶（萎凋）
将茶叶摊晾、蒸发水分，使茶叶变软，浓度加强

将发酵好的茶叶送至烘焙作坊

筛茶
将成茶（烘焙好的茶叶）筛去碎末

炒茶（烘茶）
利用高温迅速蒸发茶叶中水分，保存所需色泽、味道、香气

摊凉
将茶叶摊放、放凉

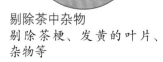

剔除茶中杂物
剔除茶梗、发黄的叶片、杂物等

二

闻香识茶

　　在中国传统茶艺中，对于茶的属类的认识十分重要，因为这是泡出一杯好茶的第一步。中国有着优越的产茶条件，茶区辽阔且茶树品种资源极为丰富。历史上对茶叶进行分类的方法很多，有按产地划分的，有按制作方法划分的，还有按茶树原料的品种划分的，大致分为绿茶、黄茶、白茶、青茶、黑茶和红茶。

国粹
图典

茶艺

中国茶分基本茶类和再加工茶类。基本茶类包括绿茶、红茶、青茶（乌龙茶）、白茶、黄茶、黑茶六大类；再加工茶类包括花茶、紧压茶、萃取茶、果味茶、保健茶等。中国茶可按季节分为春茶、夏茶、秋茶和冬茶；按产地可划分为川茶、浙茶、闽茶、滇茶、台湾茶等；按生长环境可分为平地茶和高山茶。

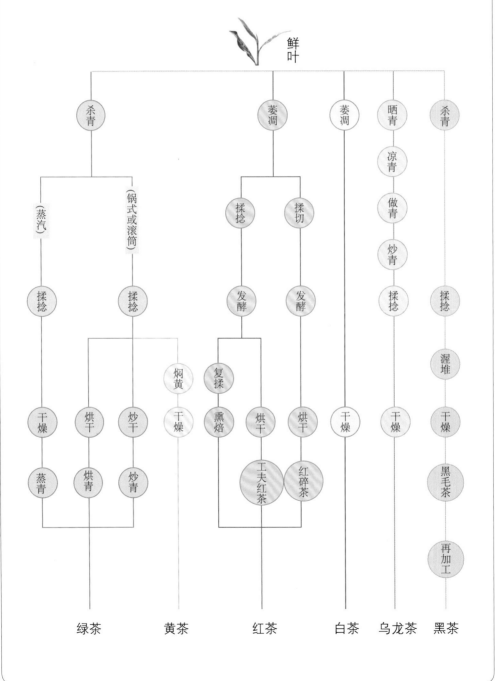

1 绿茶

绿茶是不发酵茶，以西湖龙井、碧螺春为代表。

西湖龙井干茶与茶汤

2 红茶

红茶是全发酵茶，发酵度为 80%～90%，以正山小种、祁门红茶为代表。

祁门红茶干茶与茶汤

3 青茶（乌龙茶）

青茶是半发酵茶，发酵度为 30%～70%，以铁观音、大红袍、八仙、冻顶乌龙为代表。

铁观音干茶与茶汤

4 白茶

白茶是微发酵茶，发酵度为 10%～20%，以白毫银针、白牡丹为代表。

白毫银针干茶与茶汤

5 黄茶

黄茶是轻度发酵茶，发酵度为 20%～30%，以君山银针、霍山黄芽为代表。

君山银针干茶与茶汤

6 黑茶

黑茶是后发酵茶，发酵度为 100%，以六堡茶、茯砖为代表。

六堡茶干茶与茶汤

闻香识茶

23

绿茶是中国历史上最早出现的茶类，未经发酵，在很大程度上保留了茶的本味。传统绿茶的制作工艺分为晒青和蒸青，后来又出现了炒青和烘青绿茶。其他茶类都是在绿茶的基础上产生的。

绿茶的主要产区是浙江、安徽、江西、江苏、四川、湖南、湖北、广西、福建、贵州等地。

图国典粹

茶艺

形态

绿茶根据加工造型方法的不同分为扁平形、圆形、针形、雀舌形、条形、片形、卷曲形、扎花形。

扁平形：四川竹叶青

圆形：安徽涌溪火青

针形：河南信阳毛尖

雀舌形：安徽黄山毛峰

条形：庐山云雾茶

片形：安徽六安瓜片

卷曲形：洞庭碧螺春

扎花形：安徽黄山绿牡丹

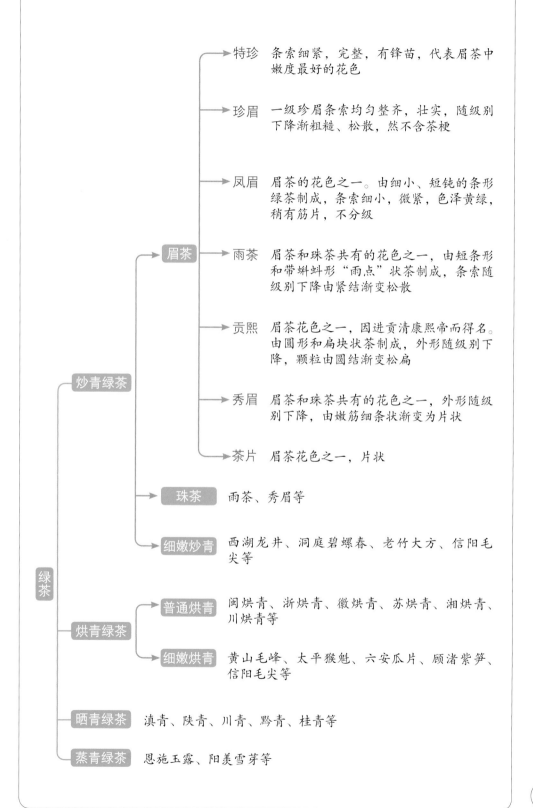

特珍　条索细紧，完整，有锋苗，代表眉茶中嫩度最好的花色

珍眉　一级珍眉条索均匀整齐，壮实，随级别下降渐粗糙、松散，然不含茶梗

凤眉　眉茶的花色之一。由细小、短钝的条形绿茶制成，条索细小，微紧，色泽黄绿，稍有筋片，不分级

眉茶

雨茶　眉茶和珠茶共有的花色之一，由短条形和带蝌蚪形"雨点"状茶制成，条索随级别下降由紧结渐变松散

贡熙　眉茶花色之一，因进贡清康熙帝而得名。由圆形和扁块状茶制成，外形随级别下降，颗粒由圆结渐变松扁

秀眉　眉茶和珠茶共有的花色之一，外形随级别下降，由嫩筋细条状渐变为片状

茶片　眉茶花色之一，片状

炒青绿茶

珠茶　雨茶、秀眉等

细嫩炒青　西湖龙井、洞庭碧螺春、老竹大方、信阳毛尖等

绿茶

烘青绿茶

普通烘青　闽烘青、浙烘青、徽烘青、苏烘青、湘烘青、川烘青等

细嫩烘青　黄山毛峰、太平猴魁、六安瓜片、顾渚紫笋、信阳毛尖等

晒青绿茶　滇青、陕青、川青、黔青、桂青等

蒸青绿茶　恩施玉露、阳羡雪芽等

闻香识茶

绿茶之香

好绿茶的香气有嫩香、清香、毫香、板栗香、花香和海藻香等，有的绿茶具有一种香型，有的可能兼有两种香型。

嫩　香	新鲜、柔和、幽雅，鲜叶嫩度高的绿茶多有此香
清　香	清纯、幽雅，沁人心脾，多数绿茶是这种香型
毫　香	鲜叶白毫越多，茶的毫香越浓
板栗香	像熟板栗的甜香，有这种香型的绿茶鲜叶嫩度适中，加工中火功饱满
花　香	带有鲜花的香味，产于高山的绿茶多具有花香
海藻香	干茶的香气和茶汤中有海藻味，春季产的蒸青绿茶多有此香味

茶树芽叶

茶树芽叶是茶树叶芽开展后形成的嫩枝，分为正常芽叶和异常芽叶。

正常芽叶：活动芽及芽下的叶按芽下叶数多少依次叫一芽一叶、一芽二叶、一芽三叶等。

异常芽叶：也称"对夹叶""不正常新梢"，顶芽的新梢停止生长，靠近顶芽处形似对生状态的两片叶，有对夹一叶、对夹二叶、对夹三叶等。

一芽一叶　　　　一芽二叶　　　　一芽三叶　　　　对夹叶

绿茶之色

　　品质优秀的绿茶干茶色泽以绿色为主，大致可分为嫩绿、鲜绿、绿润、青绿、翠绿、苍绿、墨绿、银绿等颜色。

嫩绿
茶鲜叶嫩度较高，干茶色泽、汤色和叶底颜色呈新鲜的浅绿色。蒙顶甘露、华山银毫等绿茶就是这种色泽。

华山银毫干茶

鲜绿
干茶色泽或叶底的颜色鲜绿明亮。干燥、嫩度高的绿茶，如安吉白茶就呈此色泽。

安吉白茶干茶

翠绿
也称"绿翠"，干茶色泽或叶底色泽像翡翠般鲜绿。多数绿茶呈此种色泽，如竹叶青、岳西翠兰等。

竹叶青干茶

苍绿
干茶绿色稍深，泛着青色，一些烘青绿茶有此色泽，如太平猴魁。

太平猴魁干茶

墨绿
干茶色泽深绿，茶叶在制造过程中细胞破坏率较高。春茶中的中档绿茶多见此色泽，如涌溪火青。

涌溪火青干茶

银绿
干茶白毫较多，表面略带银灰色光泽，如庐山云雾、碧螺春等。

碧螺春干茶

◆ 洞庭碧螺春

碧螺春最早在民间被称作"洞庭茶"，又名"吓煞人香"，产于江苏省苏州市吴县的太湖洞庭东西山一带，属于炒青绿茶，是中国十大名茶之一。

品质特征：成茶条索纤细，卷曲成螺，色泽银绿隐翠、茸毛丰富，有浓郁的清香和花果香，素有一嫩三鲜之称。冲泡后的汤色清澈嫩绿，清新淡雅，滋味鲜醇，叶底芽大叶小，柔软匀整。当地茶农对碧螺春的描述为："铜丝条，螺旋形，浑身毛，花香果味，鲜爽生津。"

碧螺春茶样与茶汤

采摘碧螺春

碧螺春茶园

碧螺春茶区属于茶、果间作区。茶区的茶树不成行、不成林，而是散种在桃、李、杏、柿、橘等果树之中。茶树、果树枝叶相连，根脉相通；花蕴茶味，茶吸果香，陶冶出碧螺春茶花香果味的天然品质

太湖夕照

康熙御题"碧螺春"

从清代王彦奎所著的《柳南随笔》可知：碧螺春本是产于洞庭山上的一种野茶，并未受到人们的重视。一次，有一人采茶后，因茶筐已满装不下，就将茶置于怀中，谁知此茶竟忽发异香，使得采茶人惊呼"吓煞人香"。康熙帝第

三次（1699）南巡来到太湖时，见到此茶，闻其香气芬芳，入口味醇回甘，观之碧绿清澈，便爱不释手。他听其名为"吓煞人香"后，觉茶名太俗，便赐名为"碧萝春"。以后因其形如卷螺，世人便称之为"碧螺春"。自此后，碧螺春即成为清代皇帝御赐茶名的珍品贡茶了。

清代宫廷画《康熙南巡图》

吓煞人香匾额

龙井

龙井产于浙江省杭州市西湖区一带，属于扁形炒青绿茶，中国十大名茶之一。其品质优良，自古就有"西湖之泉，以虎跑为最，两山之茶，以龙井为佳"的美誉。历史上的龙井茶分为五个品类，分别是：龙井村狮峰一带所产的"狮"字号龙井，翁家山一带所产的"龙"字号龙井，云栖一带所产的"云"字号龙井，梅家坞一带所产的"梅"字号龙井，以及虎跑、四眼井一带所产的"虎"字号龙井，后人根据生产的发展和品质风格的实际差异性，将原来的五个号别的龙井茶归并为现在的三个品类，即狮峰龙井、梅坞龙井及西湖龙井。

"狮"字号龙井产地狮峰山

"虎"字号龙井产地大慈山

杭州西湖风光

"梅"字号龙井产地梅家坞

"云"字号龙井产地云栖

品质特征：茶色泽翠绿，外形扁平光滑，冲泡后的茶汤汤清色绿，香气馥郁，幽而不俗，滋味甘鲜醇厚，野底嫩绿，匀齐成朵，素有"色绿、香郁、味甘、形美"四绝的特点。

西湖龙井茶样与茶汤

相传清乾隆年间，乾隆皇帝下江南的时候，在胡公庙边品龙井香茗，边观赏龙井茶的采制。一时性起的乾隆皇帝见庙前有十多棵茶树刚刚冒出芽头，便学着采茶女的样子采起茶来。就在此时突闻太监来报，说皇太后患病，请皇上火速回京。乾隆一听，将采好的茶芽顺手放进袖袋中，日夜兼程赶回北京。回去后才知原来皇太后只是饮食油腻而引发的肝火上升而已。皇太后看到皇帝这么担心自己，心中十分宽慰，谈话时忽闻阵阵清香，便问乾隆皇帝是不是带了什么好东西回来。此时乾隆忽然想到临回来时在采茶，抖抖袖袋，发现了装在袖袋里已被风干的茶叶，于是便命人拿去泡茶。皇太后喝下泡好的茶水后，觉得舒服了很多，没过几天，身体竟然康复了。她高兴地对皇帝说："这是仙茶，真是灵丹妙药。"乾隆皇帝听后龙颜大悦，立刻传旨，将胡公庙前的那十八棵茶树封为御树，还派专人看管，所产之茶采制好了以后送往京城供皇太后享用。从此，十八棵御茶树美名远扬。

龙井石碑

十八棵御茶

◇ 黄山毛峰

黄山毛峰是产于安徽省黄山市黄山风景区和毗邻的汤口、充川、岗村、芳村、杨村、长潭一带的条形烘青绿茶。由于该茶白毫披身，芽尖似峰，故取名"毛峰"，后冠以地名为"黄山毛峰"。

品质特征：特级黄山毛峰堪称中国毛峰茶之极品，其形似雀舌，匀齐壮实，峰显毫露，色如象牙，气味清香高长，汤色清澈，滋味醇厚鲜浓，叶底嫩黄，肥壮成朵。

黄山毛峰茶芽

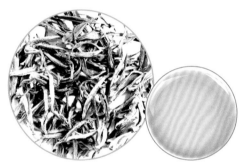

黄山毛峰茶样与茶汤

采茶

产黄山毛峰的茶山

明朝天启年间，黟县县令熊开元到黄山游玩，不觉沉醉其中迷了路。后遇到一座寺庙便借宿于寺中。寺中长老取出茶叶待客，县令看见此茶用开水冲泡时，热气由茶盏中心直线上升，升至一尺高的时候在空中化作一朵白莲花，再形成一团云雾慢慢扩散开来，然后闻到满室清香。县令品上一口，只觉得满口清香，沁人心脾，便问长老此为何茶。长老告知这茶叫"黄山毛峰"。临别时，长老送给他一包黄山毛峰和一葫芦黄山泉水，并告诉县令说，只有用黄山泉水来冲泡黄山毛峰才会出现白莲奇景。

熊县令回到县衙后，他的同窗老友、太平县的知县来看望他。熊县令便用黄山泉水冲泡黄山毛峰茶与他品饮，并将剩下的黄山毛峰转赠。太平县知县想以此请赏，便将此事禀告皇上。皇上听闻后传旨让太平县知县进宫表演，可是太平县知县所冲泡的茶并没有出现白莲奇景，皇上大怒。太平县知县便说此茶本是黟县的县令熊开元所献，皇上又传旨让熊县令前来受审。熊县令进宫后说明了必须用黄山泉水冲泡方可，并从黄山取水泡茶，果然再次出现了白莲奇景。皇上看到以后万分高兴，要将熊知县升为江南巡抚。谁知熊县令通过此事，感叹黄山名茶的清高品质凡尘少有，毅然放弃官位来到黄山的云谷寺出家做了和尚，法号正志。

安徽黄山光明顶观西海

◇ 太平猴魁

太平猴魁是产于安徽省黄山市黄山区（原太平县）新明、龙门一带的一种尖形烘青绿茶，一般在谷雨前开园，立夏前停采。采摘标准为一芽三四叶，午后拣尖。经杀青、揉捻、烘烤等工序，当天制成。每朵茶都是两叶抱一芽，俗称"两刀一枪"。叶平扁挺直，不散、不翘、不曲，故有"猴魁两头尖，不散不翘不卷边"的说法。其色苍绿匀润，叶脉绿中隐含"红丝线"。

品质特征：成品茶挺直，两端略尖，扁平匀整，肥厚壮实，色泽苍绿，茶汤清绿，香气高爽，味醇爽口。

太平猴魁茶样与茶汤

太平猴魁的传说

相传在古时候，黄山地区居住着一对白毛猴，生下一只小毛猴。有一天，小毛猴外出玩耍来到了太平县，结果遇到大雾迷了路。老猴子见它数日未归就出去寻找，可是找了几天都没有结果，最后因为劳累过度而死在了太平县的深山里。恰巧一个采野茶的老汉进山采茶，看到这只死了的老猴子，便将它埋在了山冈上。当老汉正要离开的时候，突然听见有个声音在说："老伯，你为我做了好事，我一定感谢你。"可是他四处望了望却没有发现人影。到了第二年的春天，老汉又来到山冈采野茶，忽然发现整个山冈都长满了绿油油的茶树，又听见有一个声音在说："老伯，这些茶树是我送给你的，你好好栽培，今后就不愁吃穿了。"老汉恍然大悟，原来这些茶树是神猴所赐。从此以后，老汉精心培育这些茶树。为了纪念神猴，老汉便将这片山冈取名为猴冈，把采摘来制作而成的茶叶称作猴茶。由于猴茶品质优良，堪称魁首，后人就将此茶更名为"太平猴魁"了。

母子猴戏图木雕

35

六安瓜片

六安瓜片是产于安徽省六安、金寨、霍山三市县响洪甸水库周围的片形烘青绿茶。采摘一芽二三叶，及时掰片，老片嫩叶分开炒制。制作方法分生锅、熟锅、毛火、小火、老火五道工序。

品质特征：外形似瓜子形单片状，自然伸展，叶缘微翘，色泽宝绿艳丽，大小匀整，清香高爽，滋味鲜醇，汤色清澈透亮，叶底嫩绿明亮。

图国典粹

茶艺

六安瓜片茶样与茶汤

"六安瓜片"的由来

20世纪初，六安当地的茶评师傅从收购的绿茶中拣取嫩叶，剔除茶梗，取名为"峰翘"（意为蜂翅），获得成功。消息传出去以后，周围的茶农纷纷效仿。金寨麻埠一家茶行深受启发，将采回的茶树鲜叶剔除老梗，并将嫩叶和老叶分开来炒制。用这种方法炒制而成的茶无论色、香、味都比"峰翘"好出很多。因为这种片状的茶叶看起来很像葵花子，所以就叫作"瓜子"了，后来慢慢演变成今天所称呼的"瓜片"。

群山环抱中的六安瓜片茶园

◇ 信阳毛尖

信阳毛尖也称"豫毛峰"，是产于河南省信阳西南山一带的针形烘青绿茶。此茶在清代就被列为贡品。嫩芽采摘一芽一二叶，经摊青、生锅、熟锅、初烘、摊晾、复烘制作而成。根据采摘时间的不同名称也不同：谷雨前的优质茶称为"雪芽"，谷雨后的称为"翠峰"，再往后的称"翠绿"。

品质特征：成茶外形细紧圆直，色绿光润，白毫遍布苗锋，有兰花香且香气持久。滋味浓醇，汤色明亮清澈，叶底嫩绿明亮、匀齐。

信阳毛尖茶样与茶汤

信阳毛尖的传说

相传信阳毛尖的产地草木旺盛、鸟语花香。瑶池的仙女们看到这番景象便下到凡间，将这里的山山水水游览了个遍，临走的时候商量在此种下茶籽以作纪念。此时山中有个读书人吴大贵憨厚勤奋。几个仙女便化作画眉鸟，从仙境茶园中衔来了九千九百九十九颗茶籽送给他，并托梦让他将茶籽种下。清明以后，茶籽发芽，几天的工夫便长成了一片茶林。这个时候仙女又托梦给吴大贵，让他准备大锅，准备炒茶。吴大贵按照吩咐准备好了一切，当他来到茶林的时候被眼前的景象惊呆了，只见九个仙女采茶不用手，而是用口唇采下嫩芽，然后又用竹子扎成扫帚炒茶。等到茶炒好了，仙女们回到天庭，吴大贵急忙沏新茶。沸水一冲，只见慢慢升起的雾气里隐现出九位仙女的影子，随后一个个飘然而去。吴大贵端起茶杯一尝，满口清香。他想这样的好茶该取什么名字呢，茶籽是画眉鸟用嘴衔来的，茶是仙女用口唇采的，那就叫口唇茶吧。后来义阳（今信阳）知县将这个口唇茶作为贡品献给了皇上，又禀明了它的来历。刚好当时唐玄宗最宠爱的妃子杨贵妃精神不振，喝了进贡来的"口唇茶"以后，病体痊愈。唐玄宗很高兴，对口唇茶赞赏有加，于是口唇茶就成了唐代有名的"义阳土贡茶"。

信阳毛尖茶园

金坛雀舌

金坛雀舌是产于江苏省西部方山、茅山东麓丘陵山区的扁形炒青绿茶。清明前采摘芽和初展的一芽一叶，经摊放、杀青、整形、焙干而成。

品质特征：金坛雀舌条索匀整，状如雀舌，干茶色泽绿润，扁平挺直。冲泡后香气清高，滋味鲜爽，汤色明亮，叶底嫩匀成朵。

金坛雀舌茶样与茶汤

恩施玉露

恩施玉露也称"玉绿""玉露茶"，是产于湖北省恩施五峰山一带的针形蒸青绿茶，由清代康熙年间一位兰姓茶商创制。因茶叶外形紧圆、坚挺、色绿、毫白如玉，故称"玉绿"。采摘鲜叶细嫩的一芽一二叶，经蒸青、扇干水汽、铲头毛火、揉捻（回转和对揉）、铲二毛火、整形上光、烘焙和拣选而制成。

品质特征：成茶形如松针，条索紧细圆直，外形白毫显露，色泽苍翠润绿，汤色清澈明亮，香气清鲜，滋味醇爽，叶底嫩绿匀整。

恩施玉露茶样与茶汤

安吉白片

安吉白片又称"银坑白片"，是产于浙江省天目山北麓安吉山河、山川、章村等地的半烘半炒型绿茶。采摘的鲜叶经杀青、清风、压片、摊晾、复烘制作而成。

品质特征：条索扁平挺直，形似兰花，颜色翠绿，白毫显露，香气四溢，滋味鲜爽。

安吉白片茶样与茶汤

庐山云雾

庐山云雾茶产于江西九江市境内的庐山，主要产茶区分布在海拔800米以上的含口、五老峰、汉阳峰等地。庐山一年有雾的日子多于195天，云海浩渺的独特环境成就了庐山云雾茶的独特品质。据传，庐山云雾茶原是野生茶，古称钻林茶。晋代东林寺名僧慧远将其培育成家茶，并款待挚友。因庐山有"紫岚雾锁"之名，后将受雾岚滋润的茶取名为"云雾茶"。

品质特征：受庐山凉爽多雾的气候影响，庐山云雾茶芽粗肥、青翠多毫，成品茶外形饱满秀丽、色泽碧嫩光滑、芽隐露、叶嫩匀齐，茶汤幽香如兰、宛若碧玉，香高持久、醇厚味甘，耐冲泡。

庐山云雾茶样与茶汤

弥漫庐山的云雾

◆ 黄茶

黄茶属发酵茶，发酵的过程称为"闷黄"，是由绿茶制法的不当演变而来，如炒青、杀青温度低，蒸青、杀青时间过长，或杀青后未及时摊凉、揉捻，或揉捻后未及时烘干、炒干，堆积过久，都会使叶子变黄而成黄茶。根据鲜叶原料的嫩度和大小分为黄芽茶、黄小茶和黄大茶三类。

黄茶的主要产区分布于湖南、安徽、浙江、广东、四川等地。

◆ 君山银针

君山银针是产于湖南省岳阳洞庭湖君山岛周围的针形黄芽茶，只采摘黄芽茶芽头制成。

品质特征：芽头白毫满披，底色金黄鲜亮，有"金镶玉"之称。冲泡后色、香、味、形俱佳，茶汤杏黄明净，香气清爽，滋味甘甜。

君山银针茶样与茶汤

形态

黄茶根据加工造型方法的不同主要分为针形、扁叶形、条形、扁直形。

针形：君山银针

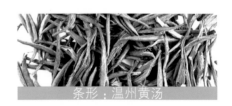
条形：温州黄汤

扁叶形：广东大叶青

扁直形：霍山黄芽

君山银针原名白鹤茶。相传在初唐的时候，有一位云游道士名叫白鹤真人，他从海外仙山归来，带来了八株神仙所赐的茶苗。他将这些茶苗种在了君山岛上，然后又在岛上修起了白鹤寺，并在寺中挖了一口白鹤井。白鹤真人取白鹤井中的水冲泡仙茶，只看到杯中升起了一股白汽，袅袅上升，白汽中有一只仙鹤飘然飞去，便将此茶命名为白鹤茶；又因为此茶色泽金黄，其形非常像黄雀的翎毛，所以也被称为"黄翎毛"。后来有人将此茶传到了长安，深得皇上的喜爱，就将白鹤茶与白鹤井都定为贡品。有一年，在进贡的途中，船过长江的时候，风浪过大，将船上的白鹤井水打翻了，押船的官员就取江水鱼目混珠。到了长安后，将茶和水敬奉给皇帝。皇帝在泡茶的时候发现没有白鹤升天的奇景，心中很是纳闷，随口说了一句："白鹤居然死了！"谁知金口一开即为玉言，从此以后白鹤井的井水就真的枯竭了，甚至连白鹤真人也不知所踪，只有白鹤茶流传了下来，这便是君山银针茶。

◇ 霍山黄芽

霍山黄芽是产于安徽省霍山县大化坪、上和街、姚家畈、太阳河一带的直条形黄芽茶，为安徽历史"第一茶"。鲜叶采摘自谷雨前两三天，鲜叶摘其一芽一叶、二叶初展。

品质特征：成茶形似雀舌，细嫩多毫，叶色嫩黄，冲泡后的茶汤颜色黄绿，香气鲜爽，有板栗香，滋味浓醇。

◇ 广东大叶青

广东大叶青是产于广东省韶关、肇庆、佛山、湛江等地的长条形黄大茶。

品质特征：成茶条索肥壮，显毫，叶片完整并具毫尖，青润带黄，香气纯正，冲泡后的茶汤橙黄明亮，滋味浓醇。

霍山黄芽茶样与茶汤

广东大叶青茶样与茶汤

◆ 白茶

古时的白茶分为两种，一是唐、宋时的白茶，二是在明代产生的白茶。唐、宋时的白茶为宋徽宗赵佶所推崇，他在《大观茶论》中称："白茶自为一种，与常茶不同，其条敷阐，其叶莹薄……于是白茶遂为第一。"此种白茶出自一种白叶茶树，十分罕见。而今天通常所说的白茶是六大茶类中的一类，产生于明代，属于微发酵茶，采摘后不经杀青或揉捻，只有萎凋和干燥两道工序。

主要产区：福建的福鼎、政和、松溪和建阳等县。

形态

白茶根据加工造型方法的不同主要分为针形、叶形。

针形：白毫银针

叶形：白牡丹

福鼎太姥山风光

◇ 白毫银针

白毫银针是产于福建福鼎、政和的一种针状白芽茶，因单芽披满银白色茸毛、状似银针而得名。

品质特征：白毫银针色白，有光泽，冲泡后的茶汤浅淡泛黄，部分茶芽从水面陆续沉落杯底，味道清鲜爽口。

白毫银针茶样与茶汤

白毫银针的传说

相传很多年前，政和一带闹瘟疫，百姓无药医治。有人说在洞宫山上的一口井旁有几株仙草，草汁能治百病。所以就有很多人前去寻找仙草，但都是有去无回。当地有三兄妹，大哥、二哥商量好后去找仙草，后来也没了音讯，小妹便接着出发去找仙草。她在路上遇到一位老者，老人告诉她仙草就在山上，上山时只能向前不能回头，否则就采不到仙草。最后老人送给她一块烤糍粑。小妹一口气爬到半山腰，只见满山乱石，阴森恐怖，忽听一声大喊："你敢往上闯！"她刚要回头，突然看到哥哥们变成了石像，就忙用糍粑塞住耳朵，不闻一切，坚决不回头，终于爬上了山顶，找到了仙草。她又用井水浇灌仙草，采下种子下了山。后来她将这些种子种在了山坡上，便长出了满坡的茶树，制成了名茶白毫银针。

福建政和古廊桥

◇ 白牡丹

白牡丹是产于福建省建阳、政和、松溪、福鼎等县的叶状白芽茶。因绿叶中夹杂着银白色的毫芽，形似花朵，冲泡后绿叶托着嫩芽，犹如初开的白色牡丹花而得名。

品质特征：成茶呈深灰绿或暗青苔色，遍布白色茸毛。冲泡后汤色杏黄或橙黄，香气清爽，味道鲜醇。

白牡丹茶样与茶汤

◇ 贡眉

贡眉也称"寿眉"，是产于福建省建阳、建瓯、浦城等地的白叶茶，制作工艺与"白牡丹"相似。

品质特征：成茶色泽翠绿，显毫。冲泡后的茶汤汤色橙黄，味道醇美。

贡眉茶样与茶汤

白牡丹的传说

相传制作白牡丹的茶树是由牡丹花变成的。西汉时期，有位清廉、刚正的太守名叫毛义。由于他看不惯贪官当道，便随母亲归隐山林。一日，母子俩骑着白马来到一座青山前，只见远处如仙境一般的莲花池畔种有十八棵白牡丹。母子二人便决定留下来，边护花边种地。由于过于辛劳，一年冬天，毛义的母亲病倒了，毛义万分焦急。一日他梦见一个老人跟他说，想要治好他母亲的病，必须用鲤鱼和新茶才行，并且缺一不可。毛义认为这一定是仙人指点，便在寒冬腊月的冰河里捉鲤鱼。可新茶上哪儿去找呢？正当毛义一筹莫展的时候，突然听到一声巨大的声响，那十八棵牡丹花居然变成了十八棵仙茶树，枝上长满了嫩绿的新叶。毛义十分高兴，便立即采下嫩芽制作成茶和鲤鱼煮了拿给母亲吃。母亲吃后不久病就好了。此后毛义帮助当地百姓们种茶制茶。人们为了纪念他，建起了一座牡丹庙，又将这一带所产的茶叶叫作"白牡丹"。

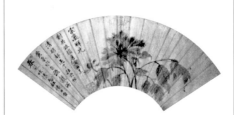

《牡丹图扇面》唐伯虎（明）

◆ 青茶

青茶又称"乌龙茶"，是介于绿茶和红茶之间的半发酵茶，基本工艺过程包括晒青、晾青、摇青、杀青、揉捻和干燥几道工序。乌龙茶很独特，既有绿茶的清香和花香，又有红茶浓郁醇厚的芬芳。跟绿茶相比，它多了一道晒青工序，通过晒青处理，破坏了茶叶四周表面的组织，使茶汁外溢，发生了氧化作用，形成了只有乌龙茶所特有的"绿叶镶红边"的风貌。

青茶品质出众。外形多呈条索团状，看似粗糙不规整，但却香气高长，有很浓的花香味，而且多次冲泡后仍有余香。

主要产区：分布于福建、广东和台湾三省。

形态

青茶根据加工造型方法的不同，主要分为条形和半球形。

条形：闸北水仙

半球形：永春佛手

◆ 铁观音

安溪铁观音是产于福建省安溪西坪乡一带的乌龙茶。冲泡后的茶汤口味醇厚甘鲜，喉底回甘，有着一种特殊的浓郁香气，被称为"铁观音韵"。

品质特征：乌龙茶三大品系之一，制成后的茶条索卷曲，肥壮圆结，色泽砂绿，红点明显。有的形如秤钩，有的状似蜻蜓头，而且由于咖啡碱随着水分的蒸发而在茶叶表面形成一层白霜，所以被称为"砂绿起霜"。

铁观音茶样与茶汤

红心铁观音茶样与茶汤

安溪铁观音茶山

铁观音名称的由来

清代中期,在安溪县尧阳松岩村(又名松林头村)有个老茶农叫魏荫,他精于种茶又信奉佛教,拜奉观音。他每天早晚一定会在观音座前敬奉一杯清茶,数十年从未间断过。有一天晚上他做了一个梦,梦见自己扛着锄头准备下地耕作。当他来到一条小溪旁时,突然发现在石头缝中有一棵茶树长得非常茂盛,而且芳香诱人,跟自己家中的茶树完全不同。于是第二天他就顺着昨天梦见的道路一路寻找,真的在打石坑的石头缝隙里找到了梦中所见的那棵茶树。他仔细看看,发现叶片呈椭圆形,而且叶肥肉厚,嫩芽青翠带紫。魏荫见后非常高兴,便将这棵树移植到自己的一口小铁鼎里精心培育,果真制出了上等好茶。由于他认为这棵树是观音托梦才寻得的,于是便取名铁观音。

铁观音嫩芽

◇ 大红袍

武夷大红袍属武夷岩茶中的珍品，"武夷四大名丛"之首，被称为乌龙茶中的茶圣，是以福建省武夷山九龙窠高岩峭壁上的名丛大红袍的鲜叶制成。现九龙窠陡峭绝壁上仅存6株原生茶树，植于山腰石筑的坝栏内，树龄已达千年。过去人们于每年5月13～15日高架云梯采摘鲜叶，由于产量稀少，被视为稀世之珍。从元明以来，大红袍就为历代皇室贡品。2006年，武夷山市政府决定停采留养大红袍母树，现在所能见到的大红袍茶均为采取无性繁殖的技术培育出的产品。

品质特征：制成后的大红袍茶条紧，色泽绿褐鲜润，冲泡后的汤色橙黄，香气馥郁，味胜幽兰，耐冲泡，久泡仍余花香。

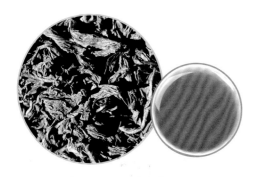

武夷大红袍茶样与茶汤

国宝母树大红袍

武夷岩茶

产于武夷山的乌龙茶被通称为"武夷岩茶"，因产茶地点的不同，又有正岩茶、半岩茶、洲茶之分。岩茶各品种中以大红袍、白鸡冠、铁罗汉、水金龟最为著名，合称为"四大名丛"，其他品种还有瓜子金、金钥匙、半天腰等。武夷岩茶的制法通常采用深发酵、重焙火，冲泡后具有"清、香、甘、活"的特点，被总结为"岩韵"，所以从明清至今一直受到广大国人的喜爱。

铁罗汉

铁罗汉是岩茶中的珍品，原产于福建武夷山市慧苑岩的内鬼洞中，是武夷"四大名丛"之一。采制工艺与"大红袍"相似。

品质特征：叶大而长，叶色细嫩有光，成茶条索紧结，色泽褐绿，冲泡后汤色橙黄明亮，香气浓郁，"岩韵"突出，冲泡多次仍具茶香。

铁罗汉茶样与茶汤

铁罗汉的传说

福建省武夷山的慧苑寺内有一僧人法号积慧，擅长制茶。经他所采制的茶叶清香扑鼻、醇厚甘爽，饮后神清目朗，所以寺庙及附近的村民都很喜欢他所制作的茶叶。大家又因为他皮肤黝黑，身材魁梧健壮，很像一尊罗汉，所以都称他为"铁罗汉"。有一天，积慧发现了一株茶树，这棵树的树冠高大挺拔，枝条粗壮，新鲜的芽叶毛茸茸的，并散发出一股诱人的清香。他欣喜地采下鲜叶带回寺中，将其制作成茶，还请乡亲们一起品尝。乡亲们认为，既然是他发现了茶树，又是他将其制作成茶，便以他的名字来命名此茶，"铁罗汉"茶由此得名。

武夷名丛铁罗汉

◇ 白鸡冠

　　白鸡冠是以福建省武夷山慧苑洞火焰峰下外鬼洞（一说武夷山文公祠后山）的名丛"白鸡冠"茶树所制成的乌龙茶，属武夷岩茶中的珍品，武夷"四大名丛"之一。

　　品质特征：新梢薄软如绸，色泽浅绿微黄，与浓绿老叶形成鲜明的两色层，这也是"白鸡冠"名称的由来。其成茶米黄中略带乳白，形似鸡冠，茶香浓郁清长，汤色为淡淡的金黄色，汤味入口清淡，"岩韵"若隐若现，叶底嫩软。

白鸡冠茶样与茶汤

白鸡冠的传说

　　相传很久以前，在武夷山有一位茶农。有一天他的岳父过大寿，他就抱着自家养的一只大公鸡前去拜寿。可是路上大公鸡被青蛇咬死，殷红的血从鸡冠上往下流，一滴一滴地滴在旁边一棵小茶树的根上。茶农随后就在茶树下挖了一个坑将鸡埋了。从此，这棵茶树便长得特别旺盛，枝繁叶茂，比周围的茶树高出很多。满树的叶子也渐渐由墨绿色变成了淡绿色，又渐渐泛白，香味浓郁，在几十米外的地方就能闻到它的清香。用它的鲜叶制成的茶叶颜色也与众不同。一般的茶叶基本都是褐色或者深褐色，而这棵茶树的茶叶却是米黄中呈现淡淡的乳白色，冲泡后的茶汤也是清淡水亮。饮一口，更是清凉甘美，甚至连冲泡后的叶底拿来细嚼都有一股香甜。由于它是靠大公鸡滋养长大的，颜色又浅，后人就称此茶为"白鸡冠"。

◇ 水金龟

　　水金龟的鲜叶是采摘自福建省武夷山区牛栏坑社葛寨峰下的半崖上，属武夷岩茶中的珍品，武夷"四大名丛"之一。

　　品质特征：叶圆扁长，呈翠绿色，有光泽，品质极佳。其成茶条索肥壮，色泽墨绿油润，香气清幽，滋味浓厚，汤色金黄清澈，叶底肥厚软亮。

水金龟茶样与茶汤

相传清代的天庭茶园住着一只老金龟。这只金龟修炼千年成仙，却被发配到茶园，终日无所作为。一天金龟被武夷山祭祀茶神典礼上的锣鼓鞭炮声惊醒，看到漫山都是虔诚祈福的人们。它回想自己虽然成仙，却无人问津，不如化做一株茶树更受人瞩目。于是老金龟运起神功，将自己化做一株茶树扎根于牛栏坑。附近一个寺庙的和尚出来巡山，看到半岩上有一簇闪闪发光的茶树，斜望过去就像是一只金色的大乌龟趴在岩壁的边上喝水。近看这棵茶树树叶浓密，油光发亮，并有龟的纹理。和尚越看越喜欢，便匆匆跑回寺里禀告方丈。方丈大呼："定是玉皇大帝给我们送来的金枝玉叶。"说罢便召集全寺众僧一路燃烛焚香，念着佛经来到茶树旁，向着天赐的茶树行礼参拜，还每天都派人轮流看守。后来和尚们从这棵茶树上采下鲜叶制作成了茶，茶香味奇佳，茶韵浓厚。由于树形似金龟，人们便把这棵宝树所产的茶唤作"水金龟"。

◇ 凤凰单丛

凤凰单丛是产于广东省潮安市凤凰乡乌崀山茶区的条形乌龙茶，选用树型高大的凤凰水仙群体品种中的优异单株单独采制而成。

品质特征：成茶挺直肥厚，色泽黄褐，具天然花香，冲泡后的茶汤滋味浓郁，甘醇爽口，有特殊的"山韵"蜜味，汤色清澈，耐冲泡。

凤凰单丛茶样与茶汤

气韵高远的凤凰单丛茶

◇ 武夷肉桂

武夷肉桂也称"玉桂"，是用鲜叶采摘自武夷山无性系良种"肉桂"茶树种制成的乌龙茶。

品质特征：制成后的茶条索紧结卷曲，色泽褐绿，冲泡后的茶汤香气馥郁持久，有清雅的肉桂香，滋味醇厚回甘，汤色橙黄。

◇ 台湾冻顶乌龙

台湾冻顶乌龙是产于台湾省南投县鹿谷乡冻顶山的乌龙茶，鲜叶采摘自青心乌龙等茶树，有"北文山，南冻顶"的赞誉。

品质特征：成茶外形呈半球形，色泽油绿，汤色黄翠，香气具焦糖味，滋味甘醇。

武夷肉桂茶样与茶汤

冻顶乌龙茶样与茶汤

最早的冻顶乌龙

清朝咸丰年间，鹿谷有个叫林凤池的人远赴福建应试。后来他高中举人衣锦还乡的时候，从武夷山带回了三十六株青心乌龙茶的茶苗，将其中的十二株种在了麒麟潭边的冻顶山上，最早的冻顶乌龙由此而来。

冻顶乌龙茶具

黑茶

黑茶属于后发酵茶。其制作工艺始于明代中期，相传由于茶叶运输路途遥远，茶叶经雨淋日晒后先受潮后干燥，使其化学成分发生了很大变化，颜色逐渐变成黑褐色，味道却异香扑鼻。于是人们就将鲜茶叶杀青揉捻后，先堆在一起用水淋湿使之发酵，然后再干燥，从而创制出了黑茶。

黑茶原料是粗老茶叶，外形粗大，色泽黑褐，有较重的粗老之气。汤色红浓，有陈香味，滋味浓醇，耐泡。通常是紧压茶的原料。

主要产区：湖南、湖北、广西、云南等地。

普洱茶

普洱茶是产于云南省普洱、西双版纳、昆明和宜良地区的一种条形黑茶，因原产于古云南普洱府而得名。

品质特征：成茶条索粗壮肥大，色泽褐红（俗称"猪肝色"）或带有灰白色。茶汤红浓明亮，香味独特，滋味醇厚回甜。

普洱砖茶茶样与茶汤

形态

黑茶根据加工造型方法的不同主要分为散茶、紧压茶，其中紧压茶又分为沱茶、砖茶、饼茶。

散茶：六堡茶

紧压茶：砖茶

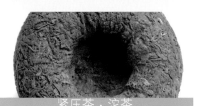

紧压茶：沱茶

紧压茶：饼茶

云南普洱府旧址

◇ 湖南黑茶

　　湖南黑茶是产于湖南省的各种黑茶的统称，其产地主要集中在安化一带。

　　品质特征：成茶条索卷折，色泽油黑，冲泡后的茶汤呈橙黄色，香味醇厚，有烟香味。

湖南黑茶的分类

　　湖南黑茶的成品茶分为"三尖""三砖""花卷"等系列。"三尖"也称"湘尖"，分为"天尖"（湘尖一号）、"贡尖"（湘尖二号）、"生尖"（湘尖三号）三个等级。"三砖"即"黑砖""花砖"和"茯砖"。

```
              湖南黑茶
      ┌─────────┬────────┬─────────┐
      │         │        │         │
     三尖      花卷              三砖
   ┌──┼──┐              ┌──┬──┬──┐
  天尖 贡尖 生尖          黑砖 花砖 茯砖
```

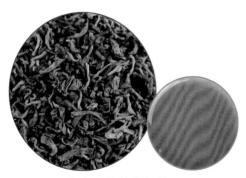

湖南黑茶茶样与茶汤

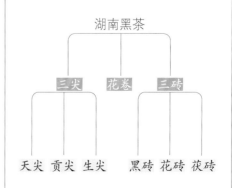

53

群峰争秀的湖南张家界风光

◇ 六堡茶

　　六堡茶是原产于广西苍梧六堡乡的一种黑茶。其历史可追溯到一千五百多年前，清嘉庆年间被列为名茶。六堡乡位于北回归线北侧，年平均气温21.2℃，年降雨1500毫米，无霜期33天。当地峰峦耸立，坡度较大，茶树便种植在山腰或峡谷。采摘灌木型中叶中的一芽二三叶，经摊青、低温杀青、揉捻、沤堆、干燥制成六堡茶。为了便于存放，将六堡茶压制加工成块状，也有制成砖状、圆柱状的。

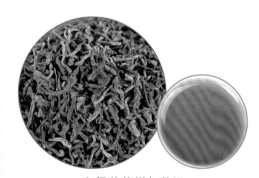

六堡茶茶样与茶汤

　　品质特征：条索长整尚紧，色泽黑褐光润，汤色红浓，香气醇陈，滋味甘醇爽口，叶底呈铜褐色，并带有松烟味和槟榔味。其品质素以"红、浓、醇、陈"四绝而著称。

◆ 红茶

红茶属于发酵茶类，是鲜叶经过萎凋、揉捻、发酵和干燥等工艺加工而成。红茶的产生很偶然，相传在清代道光末年，一支军队占据了福建崇安星村边境的茶厂，当时有好多青茶未来得及烘干就被军人当床铺了。巧的是这些青茶却被积压发酵变成了黑色，还发出一种特殊的气味。军队走后，茶主很焦急，忙将这些茶炒制烘干并运到福州代销。谁知这种有着特殊气味的茶竟得到欧洲人的青睐，一下子风靡起来。后来人们就将这种制法的茶称为"小种红茶"。

红茶茶汤红艳明亮，香味馥郁浓烈，回味绵长。

主要产区：福建、安徽等地。

红茶的冲泡

形态

红茶根据加工造型方法的不同主要分为条索形、小碎片颗粒形。

条索形：江西宁红

小碎片颗粒形：红碎茶

55

◆ 祁门红茶

祁门红茶是产于安徽省祁门、东至、贵池、石台、黟县的一种条形红茶，其中以祁门的历口、闪里、平里一带为最优，统称"祁红"。

品质特征：成茶条索紧细，香气清新，色泽乌润，俗称"宝光"。其特有的似兰花般的香气被誉为"祁门香"。冲泡后的茶汤色泽红艳明亮，滋味甘鲜醇厚。

◆ 滇红

滇红也称"云南工夫红茶"，是产于云南省澜沧江沿岸的临沧、保山、思茅、西双版纳、德宏、红河等地的工夫红茶。

品质特征：成茶条索紧直肥硕，色泽油润，金毫显露，冲泡后的汤色红艳透明，滋味醇厚回甘，香气馥郁。

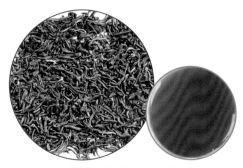

祁门红茶茶样与茶汤

滇红茶样与茶汤

祁门红茶的冲泡

云南滇红茶园

◇ 正山小种

　　正山小种是 18 世纪后期创制于福建省崇安（今武夷山市）的一种熏烟红茶。经松烟熏制后，形成了小种红茶的品质特征。

　　品质特征：其外形条索肥厚，色泽乌润，冲泡后的茶汤红浓，香气高长，带有浓郁的松烟香，滋味醇厚。

正山小种茶样与茶汤

正山小种的冲泡

◇ 川红

　　川红又称"川红工夫茶"，是产于四川省宜宾、筠连、高县、珙县等地的一种工夫红茶，以宜宾"早白尖"品种最有特色。

　　品质特征：成茶细嫩显毫，色泽乌黑油润，有特别的橘香味，冲泡后的汤色红艳明亮，滋味鲜醇爽口。

川红茶样与茶汤

◇ 宁红

　　宁红是产于江西省修水漫江乡一带的工夫红茶。采摘"福鼎大白茶"良种一芽一叶初展。

　　品质特征：成茶外形紧细，金毫显露，色泽油润。冲泡后的汤色红艳光亮，杯边显金圈，香气馥郁持久，滋味醇厚。

宁红茶样与茶汤

三

饮茶之器要览

远古时，茶叶只是一种食物或药材，而非日常饮料，所以茶具并未单独使用，而是与酒具、食具共用。随着"茶之为饮"，盛茶之器略显重要，茶具便应运而生。随着饮茶之风的盛行，茶叶品种的增多，饮茶方法的改进，茶具也有了重大变革，更趋于艺术性和鉴赏性。

早期茶具

新石器时代没有专用的茶具，与食具共用。这一时期的食具大多是一种小口大肚用陶土制成的土缶，还有木制或陶制的碗、罐，这应该就是茶具的雏形。

汉代有了专用茶具的雏形，但并未与食具完全脱离，属于过渡期，这一时期的茶具还是以陶器为主。西汉时还有用玉、青铜制造的饮食器具，东汉时出现了瓷器。

晋代时茶已在市场上销售，据史料记载和出土文物表明，当时是用瓦罐来盛茶。此时，茶具虽未完全从食具中分离出来，但已有了专用茶具，开始讲求造型的美观和制作的精良。

青釉覆莲纹四系罐（汉）

彩陶罐（新石器时代)

青铜釜（汉）

灰陶罐（新石器时代）

原始瓷灶（汉）

越窑青瓷盏托（东晋）

莲瓣纹青釉盏托（东晋）

漆器茶具

　　漆器是采集天然漆树汁液进行炼制，掺进所需色料而制成的器物。漆器起源甚早，在 7000 年前的河姆渡文化遗址中就发现了木胎漆碗。殷商时代，人们已经懂得在漆液中掺入各种颜料，或者在漆器上贴金箔、镶松石。春秋战国时期，漆器成为人们日常饮食的常用器具。到了唐代，由于瓷器的发达，漆器已经向工艺品方向发展。

　　宋代，漆器有了大发展，被分成两大类，一类比较粗放简朴，光素无纹，多为民众所用；另一类则精雕细作，工艺奇巧，有的甚至用金银做胎，较为名贵。清代乾隆年间，福州人沈绍安用脱胎漆工艺制作茶具。漆器茶具乌润轻巧，光彩夺目，明净照人，又融书画艺术于一体，故成为中国"三宝"之一。

河母渡文化漆木碗（新石器时代）

漆耳杯（战国时期）

漆盏托（宋）

御题诗剔红碗（清）

唐代，茶已成为国人的日常饮料。当时饮茶的程序较为复杂，但也充满了艺术的情趣。茶具的材质十分丰富，有陶瓷、玉、铜、金银、竹木等，呈现出典雅富丽的大唐风韵。茶具不仅是饮茶过程中的器具，同时对提高茶的色、香、味也起到了很大的作用。

陆羽《茶经》里的 28 种茶具

唐代茶具种类繁多，造型繁复，且很精致，还出现了相当完备的组合茶具，即陆羽在《茶经·四之器》中提到的 28 种茶具，它是世界上最早、最完备的组合茶具。

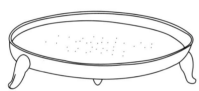

灰承：承放炉灰的器具

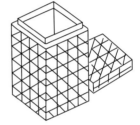

筥：用来盛放风炉的器具，用竹子或藤编织

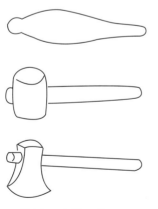

炭挝：碎炭工具

鍑：即大口釜，重要的煎、煮茶用具，可用铁、银、石、瓷制作，茶末入内煎煮

夹：夹茶饼就火炙烤之用，以小青竹制作最佳，因竹与火接触会产生清香味，有益于茶味，也可用铁、铜制作

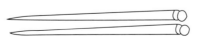

火夹：以铁或熟铜制作而成

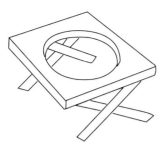

交床：承放镇的架子

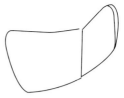

纸囊：烤好的茶饼用纸囊包装，以剡藤纸制作最佳，有助于保持烤茶的清香

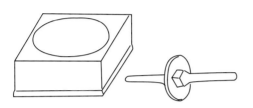

碾：碾茶饼为茶末，可用金银、石、瓷或木质等材料制作

水方：盛水的容器

拂末：用来扫拂茶粉的器具

漉水囊：过滤茶水的用具

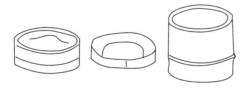

罗、盒：以罗筛茶粉，以盒承装用罗筛过的茶末

瓢：盛水器具，可用匏瓜剖制

则：度量茶末的器具，可用海贝、蛤蜊、铜、铁、竹制作

鹾簋：盛盐花的容器

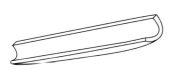

揭：取盐的器具。

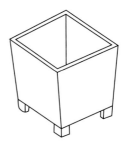

涤方：盛放洗涤用水的器具。

熟盂：贮放第二沸水之用，以备"止沸育花"。

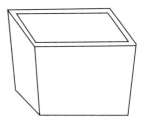

滓方：盛放茶渣的用具。

碗：饮茶器，以越窑茶瓯最佳。

巾：揩洁布。

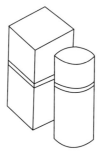

畚：用白蒲草编成，用来贮放碗。

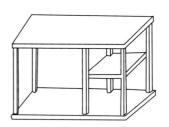

具列：盛放诸茶具的架子。

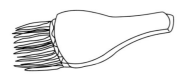

札：捆缚器具。

都篮：可贮放全部茶具。

　　1987 年 4 月，陕西省扶风县法门寺地宫被打开，其内藏有众多唐代文物珍品，仅制作精良的金银器就有 121 件。这其中包括了金银茶具、秘色瓷茶器、玻璃茶器。其中整套的金银饮茶用具是中国最早、最完备的宫廷系列茶具实物。这套茶具是唐咸通十五年(874)封存的，到出土时已有 1120 年历史。

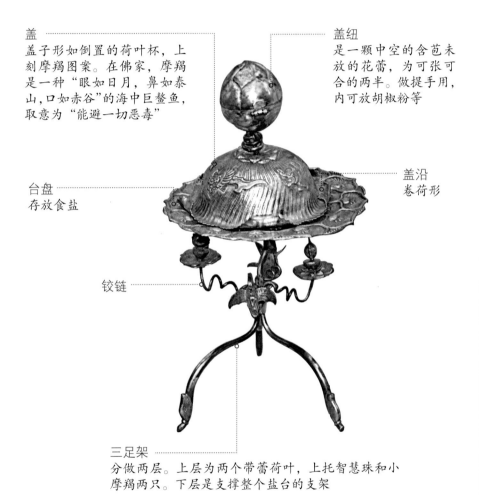

盖
盖子形如倒置的荷叶杯，上刻摩羯图案。在佛家，摩羯是一种"眼如日月，鼻如泰山，口如赤谷"的海中巨鳌鱼，取意为"能避一切恶毒"

盖纽
是一颗中空的含苞未放的花蕾，为可张可合的两半。做提手用，内可放胡椒粉等

台盘
存放食盐

盖沿
卷荷形

铰链

三足架
分做两层。上层为两个带蕾荷叶，上托智慧珠和小摩羯两只。下层是支撑整个盐台的支架

鎏金摩羯纹蕾纽三足盐台
　　皇家专用贮盐器，通体高 27.9 厘米。盐台是古人煎茶调味时存放盐、胡椒等佐料的用器

鎏金天马流云纹银茶槽和茶碾

造茶器具。长方形，两端铸有云头且有台座，由碾槽、辖板、槽身以及与其配套的碾轮（轴）组成。做工极为富丽，盖板錾手两侧各錾一只鸿雁飞翔在流云中，槽壁壶门两侧各有一匹相向奋蹄奔驰的天马，马尾随风高扬，蹄下一朵灵芝状的流云正横空而来。壶门下的槽座两侧各錾出二十个联珠，碾轴周边錾莲花纹一圈，其上下左右又錾出流云纹

鎏金鸿雁于飞纹银笼子

贮茶用银笼。桶形，由盖、笼体和足组成。笼子外周及盖顶饰有形似浅浮雕的"鸿雁于飞"装饰片。盖顶有十五只鸿雁绕边飞翔。笼外有十二对飞鸿边飞边语，其活泼和亲昵之态让银笼充满生机

鎏金仙人驭鹤纹银茶罗

长方体带座匣，由盖、罗、屉、罗架、器座组成。茶罗的匣体内有置于罗架上的筛罗。茶饼在茶槽中碾碎成末，需用罗网细筛，罗下是盛茶末的屉子。匣体下是一个四周出沿的壶门台座

鎏金飞鸿纹银则

　　形似勺，长柄，柄背錾刻"五哥"字样，说明是僖宗皇帝击拂、搅拌汤花所用。长柄上端錾有两只展翅飞翔的鸿雁，下端布满菱形花纹，菱形中还刻有十字形装饰

鎏金银龟盒

　　存放待烹的茶末，煮茶时可以从龟口中把茶末倒出，也可打开龟盖取用

壶门高圈足座银风炉

　　唐代煎茶用风炉煮水。其材质通常为铜、铁，也有泥制的。这件壶门高圈足座银风炉为宫廷御用茶具，不仅材料贵重，其精美的装饰也为民间风炉所不及

系链银火箸

　　火箸是煎茶时生火夹炭的器具，古人认为凡与烹茶、饮茶有关的器具都称为茶具

◆ 宋代茶具

宋代饮茶器具的种类沿袭于唐，故与唐大致相同。但宋代的皇室贵族和文人士大夫对茶具的制作要求更为精致，加之点茶盛行，"斗茶"成风，使得茶具艺术进入一个全新的阶段。

建窑黑釉兔毫盏（宋）

宋徽宗在《大观茶论》中认为：茶盏最好为青黑色，质量以光彩鲜明、纹理通达为上品，这样才能更好地衬出茶的色彩。盏底要稍深面微宽，盏底深则便于茶在水中立发，也容易取乳。而盏底宽则易于用茶筅搅拌而不妨碍用力击拂。茶盏一定要先暖热，茶才能发得时间长久。

《撵茶图》[局部]刘松年（南宋）

《撵茶图》中有两人，一人碾茶，一人点茶。碾茶的人跨骑在长方形几榻上，左手抚膝，右手摇转竖柄磨盘；点茶的人正在试水调茶，他左手持碗，右手执汤瓶，正往带耳盆中注水

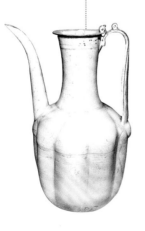

景德镇窑青白釉瓜棱式壶（宋）

宋徽宗在《大观茶论》中认为：点茶的好坏跟注水用的汤瓶的口和嘴的大小及形状都有关系。壶嘴的口稍大些而脖直一些，则注汤时用力大而水不会散开。壶嘴的末梢应圆小而尖锐，则斟茶时就有节制而不滴水

宋代审安老人所著的《茶具图赞》是中国历史上第一部茶具图谱。在书中他对宋代的典型茶具做了详细的分类，并作诗对茶具进行吟咏，还用白描画法画了十二件茶具的图形，称之为"十二先生"，赐以姓、名、字、号，并以朝廷官职命名茶具，赋予了茶具文化内涵。

◆ 韦鸿胪

即茶焙笼，以竹编制而成，竹编时有四方洞眼，所以称之为四窗闲叟，其最主要的作用是焙茶。

赞曰："乃若不使山谷之英堕于涂炭，子与有力矣。"

◆ 宗从事

即茶刷，其用途是刷茶末。茶饼用茶碾碾成茶末，经罗筛选后，就用茶刷扫起集中存放在盒中。

赞曰："孔门子弟，当洒扫应付。"

◆ 罗枢密

即罗盒，用途是筛茶末。茶被碾成茶末后，讲究一点的要过罗筛选。唐代以煎茶为主，对茶末的粗细不是十分讲究，而宋代则崇尚点茶、斗茶，对茶末的要求极高，如果想在斗茶中取得优势，罗茶也是相当关键的一步。

赞曰："凡事不密则害成，今高者抑之，下者扬之。"

◆ 胡员外

即瓢勺，用以舀水，以葫芦剖开两瓣制成。

赞曰："周旋中规而不逾其问，动静有常而性苦其卓。"

◆ 司职方

即茶巾，在点茶过程中，保持清洁卫生很重要。古人历来重视洁净，特别是茶本洁净之物，在煮茶、点茶时茶巾是必不可少的。

赞曰："互乡之子，圣人犹且与其进，况瑞方质素经纬有理，终身涅而不缁者，此孔子之所以洁也。"

◆ 金法曹

即茶碾，以金属制成。唐代已有茶碾，制作材料不一，可以用石、金、银、木等各种材料。宋代沿袭唐代的碾茶法，却更为讲究。

赞曰："柔亦不茹，刚亦不吐，圆机运用，一皆有法。"

◆陶宝文

即茶盏，这里所指的是黑釉茶盏，因宋人崇尚白色茶汤，故以黑釉盏来衬托茶色。

赞曰："虚己待物，不饰外貌。"

◆漆雕秘阁

即盏托，其用途是承托茶盏，防止茶盏烫手。盏托早在两晋时期就已出现。宋代盏托形制多样，多以漆制，且以素色漆或雕漆为多。

赞曰："危而不持，颠而不扶，则吾斯之未能信。"

◆汤提点

即水注，又叫执壶，其主要用途是注汤点茶用。汤瓶是点茶必不可少的茶具之一，中唐时以煎茶为主，投茶末入茶镀中煎煮，根本无汤瓶之说。至晚唐、五代时期，点茶开始出现，汤瓶也就应运而生了。黄金制作的汤瓶是皇室以及上层人物使用的茶具，对于一般的士人或民间斗试茶具，则首推陶瓷汤瓶。汤瓶基本特征为广口，修长腹，管状流比唐时长出三四倍，因为点茶注汤时汤瓶的长流很重要。

赞曰："养浩然之气，发沸腾之声，以执中之能，辅成汤之德。"

◆石转运

即茶磨，以石头制成，用途与金法曹类似，把茶饼碾碎成粉末状。茶磨有大、小之分，小茶磨适合个人使用，一人即可碾磨；而大的茶磨利用水力等机械装置，基本上由官方来置办。

赞曰："抱坚质，怀直心，啖嚅英华，周行不怠。"

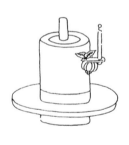

◆木待制

即茶槌，用以敲击茶饼，也以木质材料制成。

赞曰："上应列宿，万民以济，禀性刚直。"

◆竺副帅

即茶筅，宋代斗茶取胜的一个关键环节就是茶筅在盏中调汤时的技巧。要斗一碗好茶，除了汤瓶、茶盏等茶具，茶末与水的比例等因素以外，茶筅的功用也不可忽略，因为控制汤花必须用茶筅来配合。

赞曰："子之清节，独以身试，非临难不顾者畴见多。"

◆ 元代茶具

元代是上承唐、宋，下启明、清的一个过渡时期，此时的饮茶方法处于从以唐宋的团饼茶为主向明清的散茶瀹泡法的过渡阶段，但散茶已开始兴起。有关元代饮茶的史料记载很少，因为元朝是由蒙古族建立的政权，蒙古族习惯马背生活，以饮酒为主。不过，还是能从众多的元代墓葬中发现一些描绘茶事活动的壁画。

元代虽在茶事活动方面没有大的建树和特点，但青花瓷茶具的发展和成熟却值得一书。13世纪，从海外传回了制作青花瓷器所用的原料苏泥勃青，应用到瓷器制作工艺上后，使中国的青花瓷成为代表中华文明的符号，而以青花瓷制作的茶具也在中国饮茶史上留下光辉的一页。

桌后左侧女子一手端碗，一手持红色筷子搅拌

桌后中间男侍双手执壶，正向旁侧女子手中的碗内注水

桌后右侧一女子手托茶盏

图中央有一长桌，桌上放着内置长匙的大碗、白瓷黑托茶盏、双耳瓶、茶罐

桌前一女子左手持棍拨动炭火，右手扶着炭火中的执壶

墓道壁画《烹茶图》（元）
此图再现了元代茶具及点茶过程

陶瓷业在唐代发展很快，所以出现了大量的陶瓷茶具，其中以南方的越窑青瓷和北方的邢窑白瓷为代表。当时越窑生产的青瓷茶具中的茶釜、茶碗、茶托子、汤瓶较为典型。唐代以后，随着青白瓷、黑瓷、青花瓷的出现及发展，瓷器茶具种类更加丰富多样。

◆青瓷茶具

青瓷茶具是中国最早出现的茶具。早在东汉年间，越窑已开始生产色泽纯正、透明发光的青瓷。那时的主要产地在浙江，最流行的是一种叫"鸡头流子"（壶嘴称为流子）的有嘴茶壶。到了北宋，浙江龙泉窑开始烧制青瓷，在南宋晚期进入鼎盛阶段。龙泉青瓷以造型古朴、瓷质细腻、釉层丰厚、色调青莹而享有盛名。明代，青瓷茶具更以质地细腻，造型端庄，釉色青莹，纹样雅丽而蜚声中外。16世纪末，龙泉青瓷出口法国，轰动整个法兰西，人们用当时风靡欧洲的名剧《牧羊女》中的主角雪拉同的美丽青袍与之相比，称龙泉青瓷为"雪拉同"，视为稀世珍品。

◆白瓷茶具

白瓷，中国传统瓷器的一种，是在青瓷的基础上发展而来。最初的白瓷茶具胎呈浅黄褐色，釉呈乳白色泛青黄，积釉处为青色，釉层薄而滋润。自唐以来生产白瓷茶具的窑场很多，但最为著名的当属江西景德镇出产的白瓷茶具，以"白如雪、薄如纸、明如镜、声如磬"而闻名于世。

龙泉窑青釉莲瓣纹盖杯（南宋）

龙泉窑青瓷刻花碗（北宋）

龙泉窑青釉刻花莲花提梁壶（明）

定窑白釉"官"字款碗（五代）

景德镇窑白釉暗花双龙纹碗（明）

◆青白瓷茶具

宋代景德镇在青瓷和白瓷生产的基础上，糅合南方青瓷的釉色风格、北方白瓷的造型和装饰创烧出来的青白瓷，温润如玉，釉色介于青瓷与白瓷之间，青中有白，白中闪青，故又称"影青瓷"。宋代形式高雅、情趣无限的斗茶对于器具及烹试方法都有严格的要求，因此清新莹润的青白瓷茶具极受欢迎。宋代大文人苏轼对青白瓷茶具更是钟爱有加，将其评为茶具中的上品。

景德镇窑青白釉茶盏和盏托（元）

◆黑釉茶具

斗茶时所用的茶是白茶，且茶色以青白胜黄白，黑白对比分明，所以宋代特别流行用黑釉茶具。

吉州窑黑釉白彩碗（南宋）

◆青花瓷茶具

青花瓷器发源于唐代，成熟于元代。景德镇在元代成为中国青花瓷茶具的主要生产地。到了明永乐、宣德时期，景德镇官窑青花瓷器的烧造进入了一个全盛时代，被誉为中国青花瓷器制作的"黄金时代"。进入清代后，制瓷技术迅猛提高，尤其是清代康熙年间烧制的青花瓷茶具更被称为"清代之最"。

怀仁窑黑釉油滴碗（金）

青花茶杯连碟一对（清）

明代的茶具有了很大发展，这一时期的茶具做工精良。由于当时只要沸水冲泡即可成形的散茶兴起，茶具品种骤减，以烧水沏茶和盛茶饮茶这两类器具为主，而碾、磨、罗、筅、汤瓶之类的茶具相继退出了历史舞台。

甜白釉暗花云龙纹梨式壶（明）

明代的饮茶器所具有的变革和创新，一是出现了小茶壶（紫砂壶），二是茶盏的形和色有了变化。明代已不再用黑釉盏泡茶，取而代之的是白色茶盏。明人的散茶冲泡与唐末的点茶不同，所注重的不再是茶色的白，而是追求茶的自然本色（绿色），所以泡茶讲究"茶以青翠为胜，涛以蓝白为佳，黄黑纯昏，但不入茶"，只有雪白的茶盏能衬托出绿色茶汤的自然之色。

到了清代，也就到了茶具制作的黄金时期。虽然清代茶具的种类和形式跟明代相比无太大变化，但是陶瓷茶具又有了更大发展。全国以景德镇及宜兴两

宜兴窑描金方壶（清）

《品茶图》陈洪绶（明）

画中两位高士相对而坐，手握茶杯，一边品饮香茗一边说古论今。旁边石台上摆放着简单的茶具，用于煮水的茶炉，炉上放着煮水的壶，泡茶用的壶也在旁边

大陶瓷产地为茶具的主要烧制中心，有"景瓷宜陶"之说，使清代的茶具异彩纷呈，琳琅满目。特别是"康乾盛世"时期为后世留有大量茶具珍品。

自清代开始，福州的脱胎漆茶具、四川的竹编茶具等也相继问世，使中国的茶具更加丰富多彩。

斗彩五伦图提梁壶（清）

斗彩龙纹盖碗（清）

清代茶盏以康熙、雍正、乾隆时盛行的茶碗最负盛名，由盖、碗、托三部分组成。盖呈碟形，有高圈足做提手；碗大口小底，有低圈足；托为中间下陷的一个浅盘，其下陷部位正好与碗底吻合。康熙时期的盖碗带托者少，雍正以后，托才普遍使用

斗彩蟠桃提梁壶（清）

《贾宝玉品茶栊翠庵》中的茶具

《红楼梦》第四十一回《贾宝玉品茶栊翠庵》中，妙玉给贾母、宝钗、黛玉、宝玉四人所用的茶杯皆十分讲究。贾母所用乃"一个海棠花式雕漆填金云龙献寿的小茶盘上，里面放一个成窑五彩小盖钟"。宝钗所用的是"一个旁边有一耳，杯上镌着'狐瓟斝'三个隶字，后有一行小真字，是'王恺珍玩'，又有'宋元丰五年四月眉山苏轼见于秘府'一行小字"。黛玉用的"那一只形似钵而小，也有垂珠篆字，镌着'点犀盉'"。给宝玉盛茶用的是一只"前番自己常日吃茶的那只绿玉斗"，后来又换成"一只九曲十环二百二十节蟠虬整雕竹根的大盏"。

　　紫砂壶是一种外表呈赤褐、淡黄或紫黑色的素陶无釉茶壶。用它泡茶，茶叶的真香之气不易散失，能保留真味；同时又无熟汤气，能较长时间保持茶叶的色、香、味。明代文震亨《长物志》记载："壶以砂者为上，盖既不夺香，又无熟汤气，故以泡茶不失厚味，色、香、味皆蕴。"这种宜茶之性唯紫砂壶独有，是其他茶具无法与之相媲美的，这也让紫砂壶略显神秘。

　　其实紫砂壶宜茶之性是由制壶原材料——紫砂泥所决定的。紫砂泥是宜兴所特有的陶土，非常罕见，分为紫砂泥、朱砂泥、大红泥、墨绿泥、本山绿泥等五色陶土，用其烧制成的紫砂陶非常适合做茶具，能吸附茶汁，蕴蓄茶味，且传热缓慢不致烫手，即使冷热骤变也不致破裂。明代周高起所著的《阳羡茗壶系》中还记载了关于紫砂泥被发现的故事，虽说只是一个传说，但也从一个侧面说明了紫砂泥的稀有和珍贵。

　　宜兴紫砂壶的制作早在宋代就开始了，这跟宜兴盛产阳羡茶不无关系。相传北宋大学士苏东坡就是贪恋宜兴的山、水、茶、壶而在这里买宅安家的，还亲自设计了一把紫砂提梁茶壶（即今东坡提梁壶），流传后世。

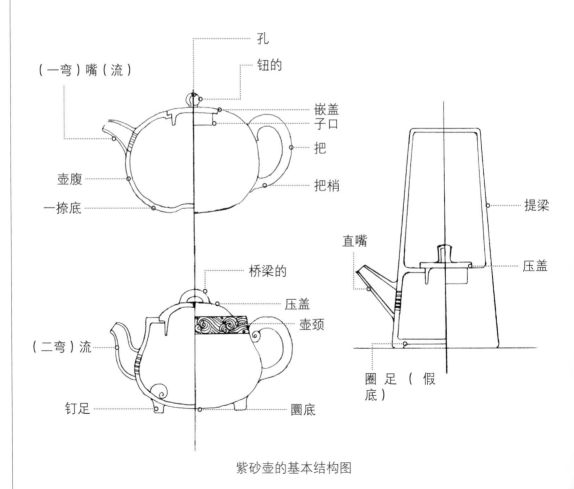

紫砂壶的基本结构图

《茗具梅花图》吴昌硕（清）

东坡提梁壶

　　苏东坡在宜兴蜀山讲学时，提出饮茶应有三绝：茶美、水美、壶美。即茶应是阳羡茶，烹茶的水应是金沙泉的水，茶壶一定是紫砂壶。他所设计的这把提梁壶以古青色树枝作为壶的把手，配以赭色瓜型壶身，刻上古朴的瓦当和精妙的书法，清雅古朴，色彩对比相得益彰，被历代文人雅士视为有实用价值的珍品

　　紫砂壶真正得到发展是在明代后期。明代正德、嘉靖时，一些名家名作相继出现，标志着紫砂壶艺正式走上了历史舞台，这时最著名的紫砂壶制作大师是供春。到了万历年间，紫砂名工更是人才辈出，他们各怀绝技，创造了紫砂壶造型艺术的空前繁荣，尤其是时大彬的出现标志着紫砂壶艺走向成熟。

　　康熙、雍正、乾隆三朝是紫砂壶发展的重要时期，此时壶的造型更为丰富，可谓千姿百态，出现了仿古形、花果形、几何形等壶式。最著名的制壶大师是陈鸣远。到了嘉庆年间，出现了以陈曼生为代表的制壶名家，进一步将紫砂壶推向文人化、艺术化，使清代的紫砂壶艺进入了辉煌期。

　　由于具有优秀的宜茶功能，加之制壶技术和装饰手法的日益精进，宜兴紫砂壶得到宫廷皇室的重视，成为贡品。不仅如此，紫砂壶在清代还远销东南亚等国。

壶盖
做成番瓜蒂状，壶盖子口外
缘刻有隶书铭文

壶把
做成树枝分
叉状，端握
舒适

壶身
壶高 10 厘米，通长 19.3 厘米，通宽 12
厘米。壶身似银杏古树的树瘿，呈栗色，
为不规则扁球形

把梢
有篆书"供春"二字刻款

供春树瘿壶（明）

供春，原名龚春，明正德、嘉靖年间人，是紫砂壶艺术史上第一个有名字流
传下来的著名陶工。其所制之壶温雅精巧，器薄质坚，当时的人们争先购买，有所
谓"供春之壶，胜于金玉"之说。后世对供春制壶的评价也很高，称他为"陶壶鼻
祖"。供春创造了许多紫砂壶壶式，尤以树瘿壶最为著名。此类壶外表如树皮一般，
呈栗色，表面凹凸不平，给人以质朴、古雅之感

海棠式提梁大壶（明）

出土于江苏省南京市中华门外马家
山明代司礼太监吴经墓，是我国目前唯
一有绝对纪年可考的嘉靖早年的紫砂壶，
现藏于南京博物馆。

此壶为葫芦形纽，平盖，短颈，壶
身略扁圆，腹部以下微敛，弯流，平底；
青提梁为海棠式，断面为圆角四棱；壶
身上光素无纹饰，是最早的光货

如意纹盖三足壶（明）

时大彬制，出土于江苏省无锡市甘露乡萧塘坟一座明墓，现藏于无锡市文物管理委员会。

此壶造型古朴典雅，壶身如球体，下有三个小矮足；圆形壶盖，宝珠纽，壶盖上有四瓣中心对称的柿蒂纹；壶身布满微凸起的小颗粒，色浅绛无光，很像石榴皮的质感；耳朵形壶柄，壶柄下方的腹壁上阴刻"大彬"楷书款

紫砂玉兰花六瓣壶（明）

时大彬制。此壶是以一朵六瓣玉兰花为壶形，玉兰花蒂式壶盖，流和壶把都是曲线形，与玉兰花壶体十分融洽。壶口部分做成六瓣肥厚的花托，与花瓣组成的大壶体形成叠压和对比关系，而六个花瓣、花托的曲线形又工整一致，形成了强烈的照应关系

菊花八瓣壶（明）

壶采用菊花瓣为筋囊，用八瓣围成壶体；壶盖采用"截盖式"，盖纽形似菊花蕾；器形工整，色泽细润，是明代"筋囊"壶式的代表作

梨皮朱泥壶（明）

惠孟臣的代表作。壶形似梨，形制单纯，但做工很精细，采用截盖方式，保证了器形的完整性。其泥色朱红，是一种吉祥色，令人赏心悦目

紫砂东陵瓜壶（清）

陈鸣远制。此壶充分利用紫砂材料独特的质地和颜色，所以砂质温润，色近橘红。模仿自然，以南瓜为壶形，以瓜蒂为盖，以瓜蔓为壶柄，以卷叶为壶流，制作时采用写真手法，南瓜、瓜叶、瓜蔓、瓜蒂的形态和肌理均十分逼真。设计东陵瓜时，陈鸣远借鉴了一个典故：秦朝东陵侯召平在亡国之后隐居在长安城东，以种瓜为生。召平所种之瓜有五色，味色甘美。所以就有了壶身上的题铭

松段壶（清）

陈鸣远制。松段壶是紫砂壶的常见题材，很多制壶名人都做过这类作品，只是表现手法不同，造型也各有千秋。陈鸣远的这把松段壶之所以能为后世津津乐道，因其仿松树老干的形、苍老之态，甚至松树的皮肌理都惟妙惟肖；壶盖采用嵌入式，使壶更像一截松树段；壶底刻款"鸣远"，底印"陈鸣远"

兽纽六方壶(清)

此壶为外销壶，壶身矮圆，线条柔和。短颈和壶盖也为六方形。盖上塑一卧兽，皮毛茸茸，肌肉肥满，虎虎有生气。像这样的伏兽装饰在紫砂壶中还是首次发现。圆条环形把手上侧有一个稍稍外伸的錾子，作用是易于把持，端得平稳

传统紫砂茶艺道具示意图

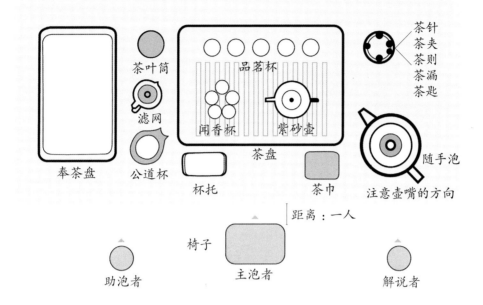

传统紫砂茶艺程序及要点图（一）

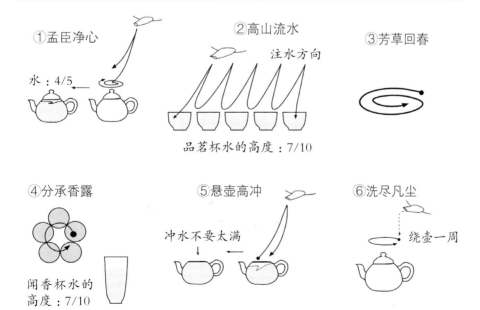

⑦内外养身

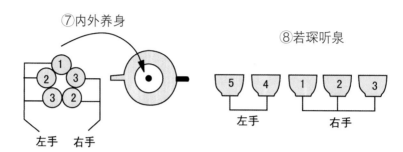

⑧若琛听泉

左手　右手

左手　右手

⑨关公巡城

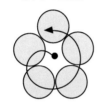

⑩韩信点兵

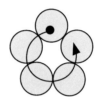

⑪敬奉香茗

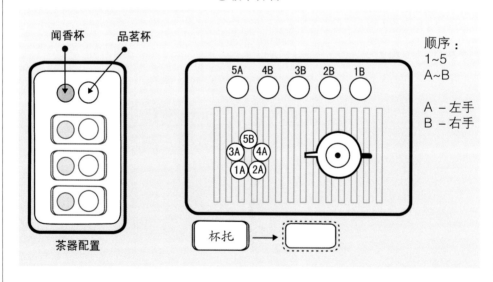

闻香杯　品茗杯

茶器配置

5A　4B　3B　2B　1B

5B
3A　4A
1A　2A

杯托

顺序：
1~5
A~B

A - 左手
B - 右手

四 茶境茶礼

　　中国传统茶艺讲求清静恬淡，在饮茶过程中要能静心安神，陶冶情操，因此环境十分重要，要与心境保持一致。饮茶既是一种修身养性的方式，又是一种以茶为媒的生活礼仪，适当的礼法可增进友谊，美心修德，故茶礼也是中国传统茶艺中十分强调的细节。

茶境是对饮茶环境的一种营造，它不讲求奢华，强调的是心情与精神的放松。

◆ 古人追求的茶境

唐宋之时，饮茶多集中于皇室贵族、文人骚客之间。自宋代开始，文人们对饮茶雅聚的环境极为讲究，最初多在室内行茶事，要求窗明几净，素雅安静，煮上一壶酽茶，几个知己促膝而谈，方配得上茶的清雅；后来逐渐将雅聚地点改为园子里的楼台亭榭，或直接就在佳泉清水之侧开炉烹茶，一边品茗清心，一边欣赏山川美景，自有一番情趣。尤其是明代文人更强调品茶时自然环境的

选择和审美氛围的营造。

起初文人饮茶以清饮为主，注重茶品、选水、盛器和烹煮技巧，几人对座品茗聊天，后来逐渐加进一些娱

茶诗

晦夜李侍御萼宅集招潘述、
汤衡、海上人饮茶赋
唐·皎然

晦夜不生月，琴轩犹为开。
墙东隐者在，淇上逸僧来。
茗爱传花饮，诗看卷素裁。
风流高此会，晓景屡徘徊。

诗中描写了诗人与几位好友于月末无月之夜的一场饮茶之乐，在赏花、吟诗、听琴、品茗的完美境界结合下享受着雅人韵事。

《调琴啜茗图》[局部]周昉（唐）

在中国古代诗画中，茶境是一个突出表现的主题，是一个时代人文精神的体现，反映着人们对生命、艺术的感悟

乐项目，如弹琴、行茶令、联句续诗等。

古代出现的这种文人以茶为媒而雅聚的形式虽未有规范的茶艺程式，与现代的文士茶艺表演有所不同，但已涉及对茶、水、具、境等方面的要求，不仅为了现代文士茶艺打下了基础，还推动了其他传统茶艺的发展。

"采菊东篱下，悠然见南山"这种妙合自然、超凡脱俗的生活方式一直是文人所向往的。加之士人对茶性的体悟，认为茶乃天造地设的灵物，聚集了山川的灵秀天赋，常饮可开阔襟怀、清爽精神，使自己情韵高雅，心胸宁静。所以茶人们不甘心在自家屋室内燃炉烹茶，更倾心于在清风明月、幽林雅泉、村野郊外、禅室道场等环境中享品茗之乐。

明代徐渭在《徐文长秘集》中载："茶宜精舍，云林竹灶，幽人雅士，寒宵兀坐。松月下，花鸟间，清泉白石，绿鲜苍苔。素手汲泉，红妆扫雪，船头吹火，竹里飘烟。"云林、松月、花鸟、清泉、白石等美景是文人雅士们对品茗环境的追求。

《卢仝煮茶图》钱选（元）

唐代有"茶痴"之号的卢仝在品尝友人孟简所赠新茶之后作有《走笔谢孟谏议寄新茶》，此画便以这一故事为主题，画中卢仝、送茶人、仆人的目光都投向茶炉，但卢仝迫不及待品饮新茶的心情表现得最为突出

《扁舟傲睨图》[局部]佚名（元）

　　图中是一白髯老翁坐于小舟之上，边赏景致边抚琴饮茗。案前一童子正躬身烹茶。画面青峰叠嶂、古寺掩映，碧波荡漾中的琴瑟幽鸣与碗中的茶香完美结合，不仅悦目、抚耳，还可清心

《煎茶七类》[局部]徐渭（明）

　　徐渭多才多艺，诗文书画兼善，堪称"四绝"。同时他还是一位茶文化专家，写有很多茶诗。其中的《煎茶七类》用行书写成，是茶文化与书法艺术合一的瑰宝。其文内容不多，行文短小，介绍了人品、品泉、烹点、尝茶、茶宜、茶侣、茶勋七方面内容。在第五部分茶宜中，他谈到"凉台静室，明窗曲几，僧寮道院，松风竹月，晏坐行吟，清谭把卷"，也是对品茗之境的论述

品茶四友

明代许次纾《茶疏》提出品茶佳境的四项要求：清风照月，纸帐楮衾，竹床石枕，名花棋树。人称"品茶四友"。《茶疏》中还提出饮茶不宜近者有七点："一曰阴室；二曰小儿啼；三曰酷热斋舍；四曰厨房；五曰野性人；六曰市喧；七曰童奴相哄。"

《松亭试泉图》[局部]仇英（明）

舍内一童子正在煽火，为待客烹茶

小溪桥上，一人缓步策杖而来

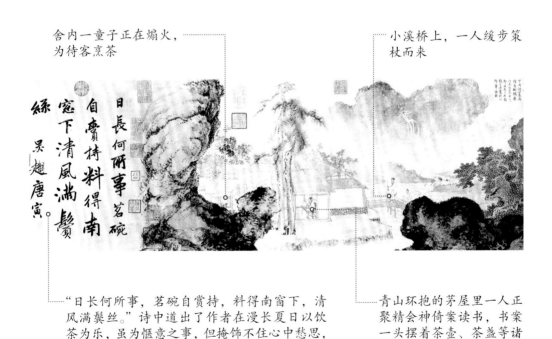

"日长何所事，茗碗自赏持，料得南窗下，清风满鬓丝。"诗中道出了作者在漫长夏日以饮茶为乐，虽为惬意之事，但掩饰不住心中愁思，表现出明代文人山居生活的闲适与寂寥

青山环抱的茅屋里一人正聚精会神倚案读书，书案一头摆着茶壶、茶盏等诸多茶具

《事茗图》[局部]唐寅（明）

画面描绘了文人雅士在山水间结庐而居，追求远离尘俗、品茗抚琴的闲适生活。唯有画中的山、水、松、石、琴、书画才能与茶的清幽雅性相映成趣。正如明人文震亨作《长物志》云："构一斗室，相傍山斋，内设茶具，教一童专主茶役，以供长日清谈，寒宵兀坐。幽人首务，不可少废者。"

山林、岩石
古代爱茶人对于品茗环境十分注意。
山林、岩石、清泉、亭榭，品茶环境
幽雅、悠闲是第一要素

书童正在烹茶

茶碗、茶托
乾隆皇帝一生嗜茶。御用茶碗、
茶托多摹有其御制诗文

凉亭

茶壶

乾隆着汉服像

茶炉

古琴

《乾隆品茶图》佚名（清）

◆ 焚香

中国传统茶艺中有燃香的习惯，不过最初燃的香是艾草，是用来驱邪避浊、防蚊虫叮咬。后逐步发展成文人雅士在营造意境时的必备之物，因此在品茶这一清净的活动中焚香也成为惯例。

焚香

香有清神、入静的神奇功效，而在佛茶茶艺中用香则少了风雅多了禅意。佛家认为香为供佛之物，焚香是一种虔诚，也是一种心性的安宁

官窑鬲式炉（南宋）

青白瓷方耳三足香炉（南宋）

龙泉窑青釉鬲式炉（南宋）

《授徒图》[局部]陈洪绶（明）

明《长物志》序中载："士大夫以儒雅相尚，若评书、赏画、品茗、焚香、弹琴、选石等事，无一不精。"文人饮茶时，常喜在煎茶之前燃一炉香。如若添香之人乃红袖佳人，那品茗之乐自是别样的风雅

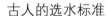

◆ 选水

古人认为"水为茶之母"，特别强调水质对茶的影响。明人张大复在《梅花草堂笔谈》中谈及茶和水之妙，有一段非常精彩的论述，他说："茶性必发于水，八分之茶，遇十分之水，茶亦十分矣；八分之水，试十分之茶，茶只八分耳。"好水是泡茶的关键，也就是说再好的茶无好水也难得其真味。水质的好坏将直接影响茶在色、香、味、形等方面的表现。

古人的选水标准

古人认为用山泉水煮茶、泡茶最好。江、河、湖泊之水含杂质较多，混浊度较高，用来沏茶的效果比泉水要差。井水多为浅层地下水，易受污染危害，会损茶味。同时，古人为追求"精茗蕴香，借水而发"的佳态，还总结出一套较实用的选水标准：

水源要活。沏茶之水需用有根源的活水，不能用死水和储存不得法的陈水。南宋胡仔在《苕溪渔隐丛话》中说："茶非活水，则不能发其鲜馥"，强调试茶水品以"活"为贵。但"活"须有度，激流瀑布之水是不能用来煎茶的。

水味要甘。用于沏茶的水味应甘甜爽口。北宋蔡襄在《茶录》中认为"水泉不甘，能损茶味"；明代罗廪在《茶解》中主张："梅雨如膏，万物赖以滋养，其

味独甘，梅后便不堪饮。"这些都是强调宜茶水品在于"甘"，只有"甘"才能够出"味"。

水质要清。要求沏茶所用之水的水质要清。如宋代大兴斗茶之风，认为茶汤应以白为贵，更以清净为重，择水重在"山泉之清者"。唐代陆羽在《茶经·四之器》中所列的漉水囊就是滤水用的，使煎茶之水清净。

水品要轻。用于沏茶的水品要轻。清代乾隆皇帝一生爱茶，是一位品泉评茶的行家。据清代陆以湉《冷庐杂识》记载，乾隆每次出巡，常喜欢带一只精

四川省青城山的山涧水

《看泉听风图》唐寅（明）

古代文人多寄情山水。此画山岭峭壁之间，清泉由崖隙下泻。二高士端坐石上，看泉听风，悠然自得。自题七绝一首："俯看流泉仰听风，泉声风韵合笙镛。如何不把瑶琴写，为是无人姓是锺。"便是这种情感的寄托

制银斗，"精量各地泉水"，精心称重，按水的比重从轻到重排出优次，从而定下北京玉泉山的泉水为"天下第一泉"，作为宫廷御用水。

天下名泉

中国茶人历来追求"好茶配佳泉"的完美组合。所以，在中国饮茶史上，有许多茶人为喝上一杯佳茗，不惜劳力钱财去远道汲取美泉。

北京玉泉：在北京西郊玉泉山东麓。清康熙年间，清廷在玉泉山之阳修建澄心园，后来更名曰静明园，玉泉就在该园中。玉泉山的水甘洌醇厚，天下闻名。清朝初期，玉泉就成为宫廷帝后茗饮的御用泉水。

乾隆评水

乾隆皇帝经过测量之后，认为北京玉泉山的泉水最轻，其次是塞上伊逊泉水。为此，玉泉的水被定为清宫用水，乾隆皇帝还亲题了"天下第一泉"碑。

北京玉泉山玉峰塔

惠山泉：位于江苏省无锡西郊惠山山麓锡惠园内，被乾隆御封为"天下第二泉"。相传乾隆皇帝南巡时，到惠山泉品水饮茗后，对惠山泉大加赞赏并留诗曰："惠泉画麓东，冰洞喷乳糜。江南称第二，盛名实能副。"这首诗被镌刻在惠

惠山泉

拆洗惠山泉与自制惠山泉

清代，为了能喝到清醇的惠山泉水，远在北京的茶客们发明了一种"拆洗惠山泉"的办法：将远途运到的泉水用细沙过滤，以除其杂味，再饮时就如新水一般。而无法得到惠山泉的茶人则创制了"自制惠山泉"的方法：一般的泉水煮开后，倒入安放在庭院背阴处的水缸内，到月色皎洁的晚上揭去缸盖，让泉水承夜露，反复三次，再将泉水轻舀入瓷坛中。据说用这样的水烹茶"与惠泉无异"。

惠山泉下池

山泉前景徽堂的壁上，一直为世人所传诵。

虎丘泉：又名"观音泉"，位于江苏省苏州虎丘山下的虎丘寺中，为虎丘的胜景之一。

虎跑泉：位于浙江省杭州西南大慈山下的慧禅寺（俗称"虎跑寺"）侧院内。虎跑泉水质甘洌醇厚，与龙井茶叶合称"西湖双绝"。乾隆皇帝下江南时喝过虎跑泉水泡的茶后，称其为"天下第三泉"。

虎丘泉

明代王鏊的《吴都文粹续集》中也云："虎丘第三泉，其始盖出于陆鸿渐评定。或云张又新，或云刘伯刍，所传不一，而其来则远矣。今中泠、惠山名天下，虎丘之泉无闻也。"

虎跑泉

相传，唐代元和十四年（819）高僧性空来此居住。因为附近没有水源，他准备迁往别处。一夜忽然梦见神人告诉他说："南岳有一童子泉，当遣二虎将其搬到这里来。"第二天，他果然看见二虎刨地，清澈的泉水随即涌出，故名为"虎刨泉"，后觉拗口便又改名为"虎跑泉"

虎跑泉

宋·苏轼

亭亭石榻东峰上，此老初来百神仰。
虎移泉眼趁行脚，龙作浪花供抚掌。
至今游人灌濯罢，卧听空阶环玦响。
故知此老如此泉，莫作人间去来想。

虎跑泉

龙井泉：位于浙江省杭州西湖西面风篁岭上，距今已有1700多年的历史。明代田汝成在《西湖览志》中记述，龙井泉发现于三国东吴赤乌年间（238—251）。明正统十三年（1448），在龙井发现一枚"投龙简"，上面刻着东吴赤乌年间向"水府龙神"祈雨的文告。

龙井泉

清代陆次云的《湖壖杂记》记载："龙井，泉从龙口中泻出，水在池内，其气恬然，若游人注视久之，忽而波澜涌起。其地产茶，作豆花香，与香林、宝玉、石人坞、乘云亭者绝异。采于谷雨前者尤佳，啜之淡然，似乎无味，饮过后，觉有一种太和之气，弥瀹乎齿颊之间。"

中冷泉：位于江苏省镇江金山以西扬子江心的石弹山下，又名"扬子江心水""中零泉""南零水"。此泉水清香甘洌，涌水沸腾，景色壮观，陆羽将其列为"天下第七泉"。

招隐泉：位于江西省庐山风景区内三峡桥东。此地离陆羽隐居地不远，他见此泉水质纯净，清凉甘醇，就常在招隐泉旁煮茶，茶色清味醇，能沁入脾胃。他经过反复品评后，便将招隐泉定为"天下第六泉"。

谷帘泉：位于江西省庐山风景区康王谷内，发源于汉阳峰，泉水被岩石所阻，水流激怒喷涌，数百缕细水纷纷散落而去，远望过去恰似一幅冰莹玉丽的珠帘高高悬挂在山谷之中，故此得名。陆羽将其列为"天下第一泉"。

金沙泉：源于浙江省长兴顾诸山侧，因灿如金星而得名。水从泉眼涌流，终年不断。

庐山风光

东晋陶渊明曾在康王谷隐居，过着"采菊东篱下，悠然见南山"的闲适和惬意的生活。唐代谷帘泉经陆羽品定为"天下第一泉"后声名远播，此后文人墨客接踵而至。宋乾道六年（1170），陆游登庐山后，在其《入蜀记》中称赞谷帘泉"真绝品也，甘腴清冷，具备众美……非惠山所及"

《苕溪诗》米芾（宋）

"招隐"两字的来历相传有二：一是陆羽晚年曾隐居浙江省的苕溪，人称"苕隐"，所以招隐泉又称为陆羽泉；一是由当时的重臣李季卿召见隐居在此的陆羽，因为"召"与"招"同音，故后人将此泉称作"招隐泉"

金沙泉

金沙泉因陆羽推荐而成为贡品。当
时官府用龙袋、龙袱裹茶，二尺高的银
瓶装金沙泉水送到长安。杜牧诗云："泉
濑黄金涌，芽茶紫壁截。"前句指的就
是金沙泉。以此沸泉沏紫笋茶，茶汁如茵，
香气扑鼻，啜之甘洌，沁人肺腑，故有"紫
笋茶、金沙泉"之称

煮水

明代田艺蘅在《煮泉小品》中说：
"有水有茶，不可以无火。非无火也，失
所宜也。"其意是说要想煮好一杯茶，除
了有茶有水之外，烧水的火候还要"到
家"。

唐宋的茶主要是饼茶和团茶，调制
茶汤的程序比较烦琐，包括烤茶、碾茶、
煎煮，其中煎煮部分又分为烧水和煎茶
两道工序。唐代陆羽和宋代苏轼在论烧
水时，都强调水不可以长时间煎煮，过
度煎煮，会使茶产生老熟味，影响茶的
汤品。

当煮茶法渐被点茶法和泡茶法取代
后，泡茶技术对烧水有了更高的要求，
如水宜"嫩"而忌"老"，燃料宜"活"
而忌"朽"，火候宜"急"而忌"缓"等。

青瓷镇（五代）

镇是陆羽为茶锅底用的字。器物底
部深长，可使受热面扩大，利于茶汤中
心沸扬，产生沫饽，使茶香醇

茶炉（清）

清代铜茶炉以木碳为燃料，中心为
烟筒，烟筒外夹层储水，外接放水开关，
两边有手把，设计精巧、实用

陆羽提出烹茶煮水讲求"三沸"：一沸、二沸是指烧水，三沸则指煎茶。陆羽认为若煮过"三沸"则为不可饮的老水。

宋代苏轼在《试院煎茶》诗中写道："君不见，昔日李生将客手自煎，贵从活火发新泉。"以及在另一首《汲江煎茶》诗中也提出"活水还须活火煎"的烧水之法，均强调煮茶应活火急煎，不可长时间煎煮。

明代许次纾在《茶疏》中说："水一入铫（一种烧水用的壶），便需急煮。候有松声，即去盖，以消息其老嫩。蟹眼之后，水有微涛，是为当时。大涛鼎沸，旋至无声，是为过时。过则汤老而香散，决不堪用。"他指出泡茶烧水需要急火猛烧，最忌文火慢烧久沸，应以"蟹眼"小气泡过后，"鱼眼"大气泡刚出现时为适度。

反映古人煮水的瓷版画

烧水火候影响茶汤的质量。未烧沸，则水过嫩，茶叶中的水溶性物质不能尽数浸出，茶汤就会香气不足，滋味淡薄；若烧过了头水就会过老，茶汤就会缺乏鲜爽味

《煮茶图》（局部）王问（明）

◈ 茶礼

中国是礼仪之邦，茶为国饮，自然茶事活动要用礼仪来规范，具体通过下列茶艺礼仪的基本姿态表现出来。

◈ 站姿

身体挺直；头颈上顶，下颌微收，双眼平视，挺胸、收腹，双肩放松自然下垂。女性右手在上双手虎口交握，置于腹前，约一拳之隔，双脚半丁字步站立；男性双脚微呈外八字分开，左手在上双手虎口交握置于小腹部。

◈ 坐姿

端坐椅子三分之一处，双腿并拢，上身挺直，双肩放松，下颌微敛，舌尖抵上颚，眼可平视或略垂视，面部表情自然。女性右手在上，双手虎口交握，置放面前桌沿；男性双手分开如肩宽，半握拳轻搭于腿上。全身放松，调匀呼吸、精神集中。泡茶时，茶艺师应找准适合的位置，坐定后，上身挺直，双手放于茶巾上，虎口交叉握（右手搭左手）。

站姿　　　　　　　　　坐姿　　　　　　　　　行姿

◆ 行姿

以站姿为基础，切忌上身扭动摇摆，尽量循一条直线行走。到达来宾面前为侧身状态，需转成正向面对；离开时应先退后两步再侧身转弯，切忌当着对方掉头就走，这样显得非常不礼貌。

◆ 跪姿

跪姿分为跪坐、盘腿坐、单腿跪蹲。

跪坐：双膝并拢跪在坐垫上，双足背相搭着地，臀部坐在双足上，挺腰，放松双肩，头正，下颌略敛，舌尖抵上颚，双手搭放于大腿上（女性右手在上，男性左手在上）。

盘腿坐：双腿向内屈曲相盘，双手分搭于两膝，其他姿势同跪姿。

单腿跪蹲：左膝与着地的左脚呈直角相屈，右膝与右足尖同时点地，其余姿势同跪坐。这一姿势常用于奉茶的环节，如果桌面较高，可转换成单腿半蹲式，即左脚前跨膝微屈，右膝顶在左腿小腿肚处。

跪坐

盘腿坐

单腿跪蹲

◆ 鞠躬礼

鞠躬礼分为站式、坐式和跪式三种。

站立式鞠躬与坐式鞠躬比较常用，其动作要领是：两手交叉于小腹部，上半身平直弯腰45°，弯腰时吐气，直身时吸气；弯腰到位后略作停顿，再慢慢直起上身。行礼的速度应适中，过快或过慢都易出现不谐调感。

◆ 伸掌礼

伸掌礼是习茶过程中使用频率最高的礼仪动作，表示"请"与"谢谢"，主客双方均可采用。两人面对面时，均伸右掌行礼对答；两人并（列）坐时，右侧一方伸右掌行礼，左侧方伸左掌行礼。伸掌姿势为：将手斜伸在所敬奉的物品旁边，四指自然并拢，拇指内收，手掌略向内凹，手心中要有含着一个小气团的感觉。手腕要含蓄用力，不至于动作轻浮。行伸掌礼同时应欠身点头微笑，讲究一气呵成。茶事活动中，不建议用手指敲击桌面的方式表示感谢。

站式鞠躬礼

坐式鞠躬礼

跪式鞠躬礼

伸掌礼步骤

◆ 寓意礼

　　在长期的茶事活动中形成了一些寓意美好祝福的礼仪动作，宾主双方在冲泡过程中不必使用语言就可进行沟通。

　　1. 凤凰三点头：用手提水壶高冲低斟反复三次，寓意为向来宾鞠躬三次以示欢迎。

　　2. 双手内旋：进行回旋注水、斟茶、温杯、烫壶等动作用到单手回旋时，右手必须按逆时针方向，左手必须按顺时针方向动作，类似于招呼手势，寓意"来、来、来"表示欢迎；反之则变成暗示挥斥"去、去、去"了。

　　3. 斟茶七分满：暗寓"七分茶三分情"之意。

凤凰三点头

　　高冲低斟是指右手提壶靠近茶杯（碗）口注水，再提腕使开水壶提升，接着仍压腕将开水壶靠近茶杯（茶碗）口继续注水。如此三次，恰好注入所需水量即提腕旋转收水

101

双手内旋

　　两手同时回旋时，
按主手方向动作

斟茶七分满

　　热茶斟满不便于握杯啜饮，所
以有俗话说"茶满欺客"

五

传统茶艺

中国传统茶艺在发展过程中经过煎茶、点茶、泡饮三大阶段，由于文人、皇家、宗法、民间文化的融入，使其成为中国最具民族特色的传统文化。

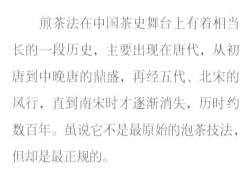

古代三大泡茶法

中国古代茶艺在发展、完善过程中先后出现了煎茶法、点茶法、泡饮法三种泡茶技法，它们各领风骚数百年，均独具特色。

煎茶法

煎茶法在中国茶史舞台上有着相当长的一段历史，主要出现在唐代，从初唐到中晚唐的鼎盛，再经五代、北宋的风行，直到南宋时才逐渐消失，历时约数百年。虽说它不是最原始的泡茶技法，但却是最正规的。

陆羽在详述"煎茶法"时，对饼茶煎煮的方法进行了规范，其步骤包括：炙茶、碾末、煮水、煎茶、酌茶。

炙茶

在陆羽生活的唐代，茶以饼茶为主。饼茶的主要特点是含水量比叶、片、碎、末茶都高，而且在存放过程中还能自然吸收水分。所以饼茶在饮用之前要先放在火上，烘干茶内水分，以逼出茶的香味米。

碾末

饼茶冷却后，需放到碾上碾碎成粉末状待用。

陆羽对茶末也有要求，认为"末之上者，其屑如细末；末之下者，其屑如菱角"。这和他在煎茶"九难"中提到的"碧粉缥尘，非末也"相雷同，即青绿色的粉末和青白色的茶灰是碾得不好的茶末。

烤茶

陆羽在《茶经》中提到：炙茶时先用高温"持以逼火"，避免迎风炙烤；要经常翻动，烤到饼茶呈"虾蟆背"状时为适度。炙烤好的饼茶要趁热用纸袋包好，不让茶的香气散失。宋代刘兼的《从弟舍人惠茶》诗中说："曾求芳茗贡芜词，果沐颁沾味甚奇。龟背起纹轻炙处，云头翻液乍烹时。"其中的"龟背纹"即陆羽所说的"虾蟆背"

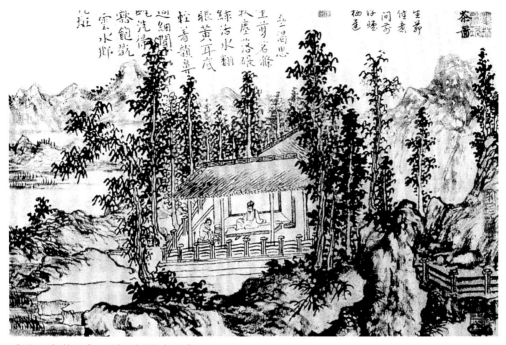

《陆羽烹茶图》[局部]赵原（元）

　　陆羽住在青塘别业时，经常邀请一些喜茶的朋友小聚，他会亲自为大家洗器、烹茶、分茶。大家以茶为媒，清谈人生，感慨世事，甚至忧国忧民。茶兴浓时才兴也会上涌，或作诗联句，或泼墨作画，茶使文人更加风雅

唐代吃茶流程图

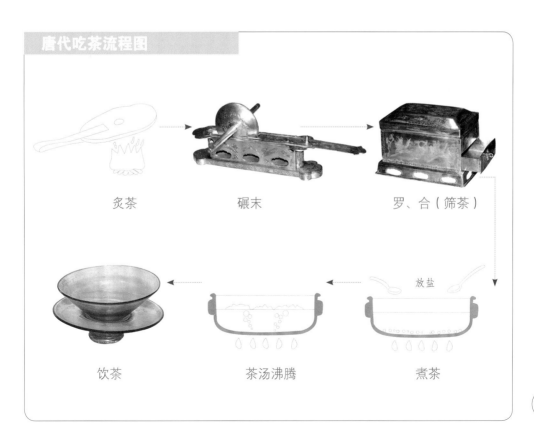

炙茶　　　　　　　碾末　　　　　　　罗、合（筛茶）

放盐

饮茶　　　　　　茶汤沸腾　　　　　　煮茶

煮水

陆羽在《茶经》中认为，煮水时所用的水和燃料的选择都很有讲究。山泉水最好，江水一般，井水最差。饮用时先要用炭火烤茶，但所用燃料不能沾染腥膻气，因为"茶须缓火炙，活火煎"，活是指炭火之有焰者。

煎茶

陆羽所提倡的煎茶法是有一定程序的。

"一沸"时，下盐。水烧开后，投入适量的盐以调味，并除去浮在表面上的水沫，否则"饮之则其味不正"。

"二沸"时，先舀水。当釜内水大开时舀出一瓢水，随即用竹夹取一定量的茶末，从旋涡中心投入沸水中，再加搅动，釜内会泛起泡沫。陆羽说"操艰搅遽，非煮也"，就是说搅时动作要轻缓，不能太急促。

"三沸"时，先止沸。当茶汤出现"势若奔腾溅末"即水大开时，将先前舀出的水重新倒入釜内，使沸腾暂时停止，以孕育沫饽。然后把釜从火上拿下来，放在交床上。这时，就可以开始向茶碗中斟茶了。

古人煮茶多以易于掌握火候的木炭为燃料，但松、柏因燃烧后有气味而应避免使用

一仆童轻扇蒲扇煮水

古时的茶炉多呈古鼎形，讲究用铜和竹制炉

用紫砂壶来煮水、煎茶

一仆童在树下汲水煮茶，古人儒雅，常常汲取山泉以煮茶

《松溪论画图》仇英（明）

酌茶

舀入碗中的茶汤沫饽要均匀，这也是一种烹茶技巧。沫饽是茶汤的精华，薄的叫沫，厚的叫饽，细轻的叫汤花。陆羽在《茶经》中认为沫要"若绿钱浮于水湄，又如菊英堕于尊俎之中"才好；饽要"则重华累沫，皤皤然若积雪耳"才好；汤花应"如枣花漂漂然于环池之上，又如回潭曲渚青萍之生，又如晴天爽朗有浮云鳞然"一般才好。

陆羽认为每次煎茶一升，酌分五碗最佳。而且茶要趁热连饮，因为茶汤热时"重浊凝其下，精英浮其上"，茶汤一旦冷了，"则精英随气而竭，饮啜不消亦然矣"，即茶的芳香会随热气而散发掉，喝起来会无滋无味。

唐代痷茶

《宫乐图》佚名（唐）

陆羽《茶经·六之饮》言："饮有粗茶、散茶、末茶、饼茶者，乃斫、乃熬、乃炀、乃舂，贮于瓶缶之中。以汤沃焉，谓之痷茶。"此画描绘了唐代宫廷侍女聚会饮茶、品茗听乐的场面，也是唐代痷茶法的再现：华丽的长方形大案旁坐着十名浓妆艳抹的仕女，案桌中间有一个大茶海，上置一长柄勺，每人面前有一茶碗，一仕女手持长柄木勺在分茶。她们饮的是较为原始的痷茶，即将茶末置入盆中，以汤沃之，以勺分之，以碗盛之，佐以茶点，而不是茶食一体混而烹之

◆ 点茶法

点茶法在中国茶史舞台上也有着数百年的历史，酝酿于唐末五代，至11世纪中叶北宋时期发展成熟，鼎盛于北宋后期至明朝前期，亡于明朝后期。点茶法所用茶仍然是饼茶，不过泡茶技法大有进步。准备工作虽然也要经过炙茶、碾茶等程序，却省略了煮茶这一程序。用茶瓶煮好水后，将茶末放入盏中，直接向盏中注水，然后用茶筅搅动茶汤即可，故称为点茶。

点茶这种泡茶法很具技术性。宋徽宗在《大观茶论》中对点茶的方法进行了详细叙述，他认为点茶中，点和击拂的手法非常重要，若手法不对则会出现"静面点"和"一发点"，导致点茶失败。

另外，宋徽宗认为注水也非常重要，要有缓急、多少、落水点的不同变化。根据七次不同的变化，分为七汤。一次称为一汤。

茶炉的造型很优美，呈荷花形，用来生火，其上坐有一把执壶，作烧水点汤用

地上有一个茶碾子，用它将饼茶碾成细末

长方形桌上放有茶碗、茶盏、茶托、执壶等，均是用点茶法饮茶所必备的器具

一把团扇，烧水生火时用于扇风

《点茶图》壁画（辽）

这幅点茶图反映的是我国北方辽国契丹民族用点茶法饮茶的情景。图中几个仆人在女主人的指点下正为点茶做准备。桌子后面躲着四个幼童正在偷看点茶之道。

图国
典粹

茶
艺

第一汤
注水时要沿着茶盏的四周边往里加水，手法要轻，不要触到茶盏。搅动茶膏时，手腕要以茶盏中心为圆心转动，渐渐加力击拂，就像发酵的酵母在面上慢慢发起一样，使汤花从茶面上生出来。

第二汤
注汤时，落水点变化到茶面上，先要细细地绕茶面注入一周，然后再急注急上，不得有水滴淋漓，以免破坏茶面；另一只手持筅用力击拂，这时茶面汤花已渐渐焕发出色泽，茶面上升起层层珠玑似的细泡。

第三汤
注水要多，像上面那样击拂，击拂得轻而均匀，使茶面汤花细腻如粟粒、蟹眼，并渐渐涌起。这时茶的颜色已十得六七了。

第四汤
注水要少，茶筅转动的幅度要大而慢，这样，云雾渐渐从茶面生起。

第五汤
水要放得稍快些，筅击拂要均匀而透彻。如果茶面上的汤花还没有泛起来，就用力击拂使它发立起来；有的过于泛起而高于他处，就用筅轻轻拂动使它凝集起来。这时茶面如凝冰雪，这时茶色已全部显露出来。

第六汤
只是点水于汤花过于凝聚的地方，目的在于使整个茶面汤花均匀，运筅宜缓而轻拂汤花表面。

第七汤
看整个茶盏中注入的水够不够茶盏的五分之三，看茶汤浓度如何，可点可不点，茶筅的击拂到此也可停止。

传统茶艺

图国
典粹

茶
艺

①茶具
点茶用具主要有水注、黑釉盏、茶筅，所用的茶是碾细的茶末。

②暖盏
点茶前，先用沸水暖盏使其温热，盏冷则茶末不与汤融合。

③投茶
点茶很注意茶末和水的比例，标准投茶量为一钱。

④注汤
注入少许沸水于盏中。

⑤调拌
用茶筅调拌茶末，使之与沸水调和成膏状。

⑥添水
将沸水直接注至盏中四分之三处即可。

⑦拂击
用茶筅在盏中用力回旋拂击，使泡沫浮于表面。

⑧成茶
好的茶汤汤面浮有鲜白的泡沫，盏边却不见水痕。

碾子前面的地上放着一个圆盘，盘中放着一个三足圆钵，应是盛茶末的器皿

炉上置一把长颈汤瓶

一着汉装的女童坐在地上碾茶

碾子旁边地上放着一个莲瓣座风炉，约半人高

炉前一个契丹装束的男孩双手扶膝跪在地上，口内衔着一根管子向炉内吹风，神态自若

《茶事图》壁画（辽）

◆ 泡饮法

泡饮法是中国茶文化的重要里程碑。泡茶法大约始于中唐，明代由于制茶技术的改革，散茶成为茶叶加工制造的主流，所以碾末而饮的唐代煎茶法和宋代点茶法演变成了以沸水冲泡叶茶的泡饮法。南宋末年至明朝初年，泡茶所用茶为末茶。直到明初以后，才改用叶茶，一直流行至今。

明代的泡饮法跟我们今人的饮茶方式已经没有什么区别了，根据盛茶容器不同，也分为壶泡法和撮泡法。

泡饮法的兴起对中国茶叶加工技术的进步也起到了推动作用，进而有了黑茶、熏花茶、红茶、乌龙茶等茶类的兴起和发展。

图国
典粹

**茶
艺**

①茶具
泡茶用具主要有煮水用的大壶、茶壶、水盂和茶杯。

②暖壶
泡茶前先暖壶，为的是驱除壶中冷气。

③弃水
将壶中冷水弃于水盂中。

④投茶
投茶量以茶五分对水半开为宜。

⑤洗茶
倒入沸水，清洗茶叶。

⑥倒水
迅速将沸水倒入水盂中，以免将茶叶浸泡过度。

⑦注水
再次注沸水于壶中冲泡茶叶。

⑧分茶
约一分钟后，分别注水于杯中待用，茶宜热饮细啜。

四大传统茶艺

饮茶艺术的发展变化经历了一个由简而繁、由粗而精的进化、演变过程，有了一整套完美的程序，能够表达精深的审美内涵。其中相继出现的四大传统茶艺是现代各类茶艺的基础。

文人茶艺

茶宴是中国传统茶艺的始端，首开茶宴先河的是以陆羽为代表的一些文人骚客。茶宴萌芽时范围还很小，只限于个别士大夫之间。中唐以后，茶宴开始流行，使饮茶活动不单纯是品饮活动，逐渐发展为茶艺欣赏与情感交流的一种高雅的礼仪形式。唐代文人茶宴一改南北朝时期贵族官吏大摆酒宴、浮华享乐、奢侈腐败的门阀富豪之风，提倡俭朴清廉、自然雅致的茶风。

茶诗

西域从王君玉乞茶因其韵七首

之咏建溪茶

元·耶律楚材

积年不啜建溪茶，

心窍黄尘塞五车。

碧玉瓯中思雪浪，

黄金碾畔忆雷芽。

卢仝七碗诗难得，

谂老三瓯梦亦赊。

敢乞君侯分数饼，

暂教清兴绕烟霞。

行茶令

李清照像

行茶令是饮茶时玩的一种游戏。由一人做令官，其他饮茶者要听他的号令。令官出题后，如果答不上来的就要以茶为赏罚。茶喝多了也会醉人，表现为脸热心跳，肚饥脚软。而将茶令玩得最惬意和传情的当属南宋女词人李清照和夫君赵明诚。他们闲暇之时常玩一种考"史实"的游戏，就是煮好茶后，令官开始讲史书上记载的某一件史实，要求另一人说出这一史实出自哪一本书，甚至哪一页哪一行。答不出来或答错的"惩罚"是只能闻一闻茶香。

113

茶食
指糕点饼饵等小食品，是配合清饮而食的。事实上，很多食物都能做茶点，与酒食很难分开，不过配合茶性，还是以清淡、温和、精致的小吃为好

音乐和焚香
宴会桌后的花树间有一桌子，上面放置着香炉与琴。它们也是附庸风雅的道具

插花
古代文人很风雅，花是附庸风雅的一种道具

茶宴
茶桌上摆着茶盒和茶碗，一位侍者正用茶则分茶。风炉上有两把执壶，地上还放着都篮，里面整齐地摆放着备用的茶碗

酒宴
酒桌上放着两把大酒壶，地上还有一个酒坛。旁边一人手中端着托盘，盘中似放着几杯已斟满酒的小酒杯

《文会图》[局部]赵佶（宋）
　　《文会图》是公认的描绘茶宴的佳作。从宴席可知，此茶宴不单是文人的清饮，除饮茶外，还将酒宴、茶食、插花、音乐、焚香等融于一图之中，再现了宋代文士雅集的典型场景

惠山听松庵竹茶炉

　　无锡惠山上有松树万株，相传是明朝初年由惠山寺住持性海带众僧种下的。他还在松林中建了一所名为"听松庵"的精舍，又命工匠制作了一个竹茶炉，因制作地是惠山听松庵，故得名"听松庵竹茶炉"。此炉非同一般，引起了明清以来文人、僧人甚至是皇帝的关注，由此形成了"惠山听松庵竹茶炉烹泉煮茗"的独特茶文化现象。

《竹炉山房图》沈贞（明）

竹炉

浙江省杭州城隍阁内斗茶图塑像

　　炉心材质为陶或瓦，炉口多用铜套，炉外壳为竹制，体形小巧朴实，便于携带。斗茶时，将茶瓶放在上面，炉内燃薪即可煮水

茶具

文人对茶具颇为讲究，泡茶喜用宜兴的紫砂壶，饮茶要用景德镇的茶瓯，生火烧水最好用惠山竹炉，煮水要用汴梁的锡铫

仿供春式龙带壶（明）

壶表呈清褐色，圆形鼓腹，龙带从壶口四周从上到下左右展开，长弯流，平底，略呈圆形把手，壶盖纽呈扁圆形。此壶是明代造壶大师时大彬仿供春壶制

用茶

当时最负盛名的是阳羡茶和顾渚紫笋茶，因汤味淡雅、制工精良很受文人喜欢

顾渚紫笋茶

属于半烘、半炒型绿茶，是中国历史上最著名的上品贡茶。极品的茶叶相抱似笋，上等的茶形似兰花，色泽绿翠，银毫明显，滋味更是甘醇可口，汤色清澈晶亮，叶底细嫩成朵

用水
惠山泉为天下第二泉，文人讲究用惠山泉水煮茶

茶友
文人茶艺对与会茶友要求很高，必须人品高雅，在诗词歌赋、琴棋书画等方面有较好的修养。此画中参加茶会的分别是文徵明、蔡羽、王守、王宠、汤珍等书画家

《惠山茶会图》[局部]文徵明（明）

　　此画描绘的是清明时节，文徵明偕同几位书画好友在惠山山麓的"竹炉山房"饮茶赋诗的情景。通过此画可大致了解古代文人对茶叶、茶具、用水、火候、品茗环境及参与人员的要求

文人茶艺表现的是文人雅士的品茗活动，将琴、棋、书、画与品茶完美融合，追求"精俭清和"的精神。

◆李白茶芳润肌骨

李白是最早吟咏名茶的诗人。他在《答族侄僧中孚赠玉泉仙人掌茶并序》诗中写道："根柯洒芳津，采服润肌骨。丛老卷绿叶，枝枝相接连。曝成仙人掌，似拍洪崖肩。举世未见之，其名定谁传。"写出了诗人对仙人掌茶的赞颂。

◆卢仝七碗清风生

唐代诗人卢仝写了一首歌颂茶功的七碗茶歌，名为《走笔谢孟谏议寄新茶》。他在诗中写道："一碗喉吻润，两碗破孤闷。三碗搜枯肠，唯有文字五千卷。四碗发轻汗，平生不平事，尽向毛孔散。五碗肌骨清，六碗通仙灵。七碗吃不得也，唯觉两腋习习清风生。"将诗人饮茶的酣畅淋漓写得绘声绘色，神采毕现，故传唱千年而不衰。

李白醉酒（徐秀棠制）

李白是一位千古奇才，世人颂他为诗仙、酒仙。但翻阅茶史也能找到李白与茶有关的故事，最著名的就是这首吟咏仙人掌茶的诗了

《卢仝煮茶图》丁云鹏（明）

卢仝好茶成癖，不仅茶诗写得好，还著有《茶谱》一书，被世人尊称为"茶仙"。后人曾认为有三件事对唐朝茶业活动的推广有深远的影响：陆羽的《茶经》、赵赞的"茶禁"（即财茶征税），第三件就是卢仝的《七碗茶歌》了

◆白居易琴茶终老

读白居易的诗会发现，他一生有四大爱好：爱诗、嗜酒、癖茶、好琴。他将诗、酒、琴、茶完美结合，使生活变得丰富多彩，富有情趣。白居易酷爱茶，对茶、水、具的选择配置和候火定汤很是讲究。他在《山泉煎茶有怀》中写道："坐酌泠泠水，看煎瑟瑟尘。无由持一碗，寄与爱茶人。"他对泠泠山泉水烹的茶情有独钟。

◆苏轼咏茶传叶嘉

宋代杰出的文学家苏轼对品茶、烹茶、种茶都很在行，对茶史、茶功颇有研究，还创作出众多的咏茶诗词。如他的茶文《叶嘉传》中的"臣邑人叶嘉，风味恬淡，清白可爱"之句流传至今。他十分嗜茶，渴了要喝茶，写诗文要喝茶，就连睡前、睡起也要喝茶。其爱茶极深，"戏作小诗君勿笑，从来佳茗似佳人"，将茶比作佳人。

◆黄庭坚品茗以戒酒

黄庭坚是北宋诗人、书法家。他早年嗜酒，中年因病止酒，为此写了一篇《发愿文》："今日对佛发大誓，愿从今日尽未来也。不复淫欲、饮酒、食肉。设复为之，当堕入地狱，为一切众生代受头苦。"在后来的二十多年里，他一直以茶代酒，还在《西江月》词的题注里写道："老夫既戒酒不饮，遇宴集，独醒其旁。"即使是在跟苏轼、秦观等好友聚会、酬唱时也只饮茶。

黄庭坚以茶代酒，逐渐精于茶道。他的一首《奉同公择尚书咏茶碾煎啜三首》道出了碾茶、煎茶和煮茶法。他认为茶叶要碾碎味道才好；煎茶应以寒泉

《横琴图》朱德润（元）

琴和茶是白居易"穷通行止长相伴"的珍爱之物。"鼻香茶熟后，腰暖日阳中。伴老琴长在，迎春酒不空。"可见，鼻香茶熟、操琴伴老是他晚年最舒心的享受

苏轼像

《奉同公择尚书咏茶碾煎啜三首》
黄庭坚（宋）

传统茶艺

119

深处水为上，煎至"鱼眼"生起为度；煮茶须煮成"乳粥琼糜"之状，茶的色香味才得以显示，才有破睡之功。

◆ 耶律楚材最爱建溪茶

耶律楚材是元代政治家，号湛然居士，契丹族人。他虽非汉族，却博学汉书，精通诸学，尤其爱品茶、品泉之道，所作的茶诗意境清新，是咏茶诗中的上乘之作。

◆ 仇英烹茶生画境

明代画家仇英擅长人物画，尤长仕女，又善山水、花鸟，以工笔重彩为主。他创作了大量与茶有关的画，有《事茗图》《松间煮茗图》等。每幅画中的茶事活动都很丰富，可看到其对水、炭及火很有讲求，说明仇英深谙茶中之道。

◆ 曹雪芹茶香浸红楼

清代小说家、诗人和画家，文学巨著《红楼梦》的作者曹雪芹在《红楼梦》中有260多处涉及茶，其中咏茶的诗词或联句有十来首，另外还有众多描写各种饮茶方式、古玩茶具，介绍名茶品目的片段，甚至连沏茶用水也写得细致入微。所以有人说："一部《红楼梦》，满纸茶叶香。"

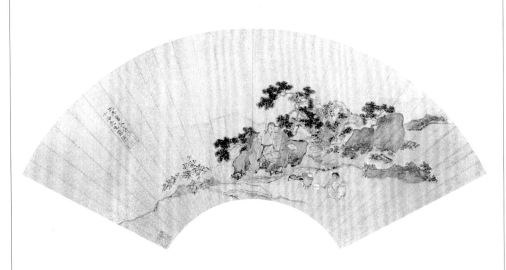

《事茗图》仇英（明）

茶艺

国粹
图典

宫廷茶艺

由于中国古代盛行贡茶，所以自唐代开始的各朝各代，宫廷里都有着非常完善的茶艺程式，无论是茶具、茶叶，还是茶艺师的技艺都是一流的。不过，后来随着清王朝的灭亡，宫廷茶艺也就失去了生存的土壤。现在已无法再现历代宫廷茶艺的盛况，只有通过一些宫廷的茶宴活动记载去寻找。

宫廷茶宴的场面极为隆重，气氛也很肃穆，对茶品、选水、茶具的要求极尽苛求：茶要贡品，水要玉液，器要珍玩。茶宴进行时，先由近侍施礼布茶，群臣面对皇上三呼万岁，坐定后再闻茶香、品茶味，赞茶感恩，互相庆贺。

唐代贡茶的发展为推动宫廷茶艺的

茶诗

东亭茶宴

唐·鲍君徽

闲朝向晓出帘栊，
茗宴东亭四望通。
远眺城池山色里，
俯聆弦管水声中。
幽篁映沼新抽翠，
芳槿低檐欲吐红。
坐久此中无限兴，
更怜团扇起清风。

鲍君徽善诗，德宗时入宫，留在宫廷做文字工作，常和侍臣唱和比赛诗文。这是她在初夏的清晨去赴郊外山上的东亭茶宴时所写的诗句。

传统茶艺

《清明茶宴图》佚名〔唐〕

在宫廷茶宴中清明茶宴最为典型。其主要内容是品尝明前茶，也是皇帝对权臣的恩赏。这幅茶宴图一反常态，画面中皇帝并未高高在上，而是与大家同桌而坐，参宴者更是随意自然。桌上有茶具、酒具、珍馐美食、插花和香炉等。隔断内侧是一煮茶间

形成与完善提供了条件。如每年早春之时正是贡茶紫笋采制的季节，所以常州和湖州两位刺史都要到顾渚监制贡茶，并邀请专家共同品尝和审定贡茶的质量，久而久之便形成了茶宴的惯例；尤以宫廷所举办的茶宴为最盛。

贡茶入宫后，皇帝常爱不释手，高兴之余便在皇宫中宴请爱臣，共享新茶。宋徽宗赵佶就曾亲自为群臣注汤、点茶，展现自己的茶艺。

宫廷茶宴到了清代则达到鼎盛，尤以康熙后期与乾隆年间最盛，其中"千叟宴"和"三清茶宴"最具代表性。

瘿木手提式茶籝（清）

紫砂绿地描金棱壶（清）

图国
典粹

茶
艺

茶诗

夜闻贾常州崔湖州茶山境会想羡欢宴

唐·白居易

遥闻境会茶山夜，
珠翠歌钟俱绕身。
盘下中分两州界，
灯前合作一家春。
青娥递舞应争妙，
紫笋齐尝各斗新。
自叹花时北窗下，
蒲黄酒对病眠人。

此诗作于宝历二年（826），诗人白居易当时担任苏州刺史，因有严重的伤病不能出席茶宴，遂写此诗以示遗憾。诗中将顾渚山大型茶宴盛况描写得绘声绘色，有歌舞表演、斗茶尝新，人们通宵达旦地宴乐，很是热闹。

紫砂黑漆描金喜庆有余壶（清）

黄地粉彩五蝠捧寿茶碗（清）

宋徽宗以茶宴群臣

宋徽宗对茶事精通、迷恋，还将茶作为赏赐之物改善君臣关系。据《延福宫曲宴记》记载，宣和二年（1120），徽宗赐宴为群臣表演分茶之事。他先令近侍取来釉色青黑、饰有银光细纹状如兔毫的建窑贡瓷兔毫盏，然后亲自注汤击拂。一会儿，汤花浮于盏面，呈疏星淡月之状，极富幽雅清丽之韵。接着，徽宗非常得意地分给诸臣，对他们说："这是我亲手施予的茶。"

千叟宴

清代康熙帝在他六十寿辰（1711）大庆时，举行了一场别开生面的"千叟宴"，60 岁以上的出席者多达 1800 人。"千叟宴"的一项重要内容便是首开茶宴。大宴开始，乐队奏丹陛清乐，膳茶房官员向皇帝父子进红奶茶各一杯，王公大臣行礼。皇帝饮毕，再分赐王公大臣共饮。饮后，所用茶具皆赐饮者。被赐茶的王公大臣接茶后原地行一叩礼，以谢赏茶之恩。这道仪式过后，方能进酒、进肴。乾隆时期也举行过两次"千叟宴"。因为人数太多（达 5000 人），无法一一赐茶，就由茶膳房官员向皇帝"进茶"。

康熙像

乾隆五十年"千叟宴"御赐养老银牌

北京故宫皇极殿

乾隆六十年（1795），85 岁的乾隆帝决定第二年正月将皇帝大位传给第十五子颙琰，并借归政大典之机邀集各方老人来京再享"千叟盛宴"。嘉庆元年（1796）正月初四日，千叟宴在宁寿宫的皇极殿开宴

"三清茶宴"为乾隆皇帝所创，目的是通过召集爱臣品茗雅聚"示惠联情"。通常于每年正月初二至初十间择日举行，自乾隆八年（1743）起固定在重华宫设宴，参加者多为文臣，如大学士、九卿及内廷翰林。所用茶为"三清茶"，是乾隆皇帝亲自创设，以狮峰龙井为主料，佐以梅花、佛手、松实入茶。

三清茶

清·乾隆

梅花色不妖，佛手香且洁。
松实味芳腴，三品殊清绝。
烹以折脚铛，沃之承筐雪。
火候辨鱼蟹，鼎烟迭生灭。
越瓯泼仙乳，毡庐适禅悦。
五蕴净大半，可悟不可说。
馥馥兜罗递，活活云浆溅。
倔佺遗可餐，林逋赏时别。
懒举赵州案，颇笑玉川谲。
寒宵听行漏，古月看悬玦。
软饱趁几余，敲吟兴无竭。

乾隆像

寺院茶艺

印度佛教传入中国后，在南北朝时得到大发展，曾出现过诸多宗派。但这些宗派或随着禅宗的兴盛逐渐合流入了禅宗，或因为某种原因而消亡。而禅宗自东晋以来不断地与中国本土文化融合，越发兴盛起来，成为中国佛教的代表。

以寺院僧侣为主的寺院茶艺特别强调"静省序净"的禅宗文化思想。最初，僧侣们的饮茶活动很简单，只是借茶提神醒脑的功效在修行时抵抗疲倦的袭扰。

随着禅宗在中国逐渐发展起来，在茶与禅的相互影响中赋予了茶事活动更深刻的内涵，于是有了借茶参悟，"茶禅一味"的说法也由此产生。

茶禅一味

"茶禅一味"本为佛教语汇，原系宋代圆悟克勤禅师（1063—1135）书赠参学日本弟子的四字真诀，收藏于日本奈良大德寺，后成为佛教与民间茶界的流行语。

《达摩面壁图》［局部］宋旭（明）

相传禅宗始祖西域僧人菩提达摩于南北朝时入东土，在少林寺后山的山洞中面壁打坐。达摩为了追求无上觉悟心切，要求自己打坐时夜里不倒单也不合眼。但他由于过度疲劳，眼皮沉重得竟然不自觉合拢。达摩醒后发现自己睡着了很生气，自思道：连昏睡都无法克制，何谈渡众生！于是，他毅然撕下眼皮丢在地上，继续坐禅。眼皮落地生根长成了茶树。达摩摘其叶嚼食，叶入口不多时，即感觉一股清爽之气悠然而生，不再昏沉想睡而不得思。自此后，茶成了坐禅人的最佳伴侣。虽然这只是一个传说，但不可否定的是茶与禅确实有着不解之缘。

单道开饮茶苏

《晋书·艺术传》记载，敦煌人单道开在后赵都城邺城（今河北省临漳）昭德寺修行时，除"日服镇守药"外，还"时复饮茶苏一二升而已"。是说他修行时常吃一种带有松、桂、蜜气味的药丸，喝一种叫"茶苏"的饮品，这种饮品是将茶、姜、桂、橘、枣等物放在一起熬煮而成。这是有关坐禅饮茶的最早记载。

茶与禅的渊源还体现在禅宗的修行方式上。禅宗主张坐禅时要专注一境，息心静虑，节制饮食；要求"跏趺而坐，头正背直，不动不摇，不委不倚"，更不能卧床睡眠。在这种情况下，茶能助人摆脱睡意、开悟智慧的本性。

随着茶事活动越来越受到重视，加之禅宗思想的发展，一批高僧大德终于将茶道与参禅交融到一起，开创了"禅茶一味"的新局面。唐代著名诗僧皎然就以其高深的佛门禅悟将茶与禅完美结合起来，他的"三饮诗"至今在茶禅两界影响深远。

更为有趣的是禅门一些高僧通过喝茶悟道为后世留下了很多脍炙人口的茶禅公案。最著名的当属赵州从谂禅师的"吃茶去"。此茶非彼茶，从谂禅师的"吃茶去"佛门禅意颇深，将茶文化和佛教精神融会贯通，超越了助禅的阶段，进入了证悟的境界。

无相禅茶是唐代高僧无相禅师在四川省成都大慈寺参禅实践过程中开创的，其特点是在茶艺的每一道程序中都融汇一种禅机或昭示一个佛理。

无相禅师首开了禅茶茶道，是禅茶之祖。他将此茶艺分为十二道程序：静心、入禅堂、焚香祈愿、涤具、观茶、投茶、泡茶、分茶、敬茶、闻香观色、品茶、畅叙禅机。

大慈寺

成都大慈寺是禅茶文化的起源地之一，由唐代祖师无相禅师创立的"无相禅茶茶艺"是中国禅茶文化的代表，是中华茶文化的重要组成部分。无相禅师本为新罗国（古朝鲜一个国家）王子，俗姓金，所以出家后人称金和尚。唐开元年间（728），他西渡到大唐求学佛法。在蜀地参禅时，他养成了饮茶的习惯，经过一番研习之后，创立了禅茶之法

无
相
禅
茶
程
序

静心 → 入禅堂 → 焚香祈愿 → 涤具

分茶 ← 泡茶 ← 投茶 ← 观茶

敬茶 → 闻香观色 → 品茶 → 畅叙禅机

饮茶歌诮崔石使君

唐·皎然

越人遗我剡溪茗，采得金芽爨金鼎。

素瓷雪色缥沫香，何似诸仙琼蕊浆。

一饮涤昏寐，情来朗爽满天地。

再饮清我神，忽如飞雨洒轻尘。

三饮便得道，何须苦心破烦恼。

此物清高世莫知，世人饮酒多自欺。

秋看毕卓瓮间夜，笑向陶潜篱下时。

崔侯啜之意不已，狂歌一曲惊人耳。

孰知茶道全尔真，唯有丹丘得如此。

喝上一碗茶，即可涤去昏昏欲睡的感觉，心情开朗，天地之间一片光明；喝上两碗，神思顿觉晴朗，好像初春的细雨，轻轻压下纷乱的思绪；而饮过三碗后，道已修，集已断，苦已灭，一切烦恼都没了，何须再苦苦寻找破除烦恼的方法。皎然借手中茶断无明、破烦恼，茶禅一味在此得到了验证。

吃茶去

据《广群芳谱·茶谱》引《指月录》载："有僧到赵州，从谂禅师问：'新到曾到此间么？'曰：'曾到。'师曰：'吃茶去。'又问僧，僧曰：'不曾到。'师曰：'吃茶去。'后，院主问曰：'为甚么曾到也云吃茶去，不曾到也云吃茶去？'师召院主，主应喏，师曰：'吃茶去。'"

无论是新到、曾到还是院主，禅师都让他们"吃茶去"，其中的真意并不在茶。禅的修证在于体验，参禅和吃茶一样，是冷是暖，是苦是甜，终究需要自己去体悟，所以，万语千言不如"吃茶去"三字。

吴昌硕篆刻《茶禅》印章三方

自唐代以来，很多寺院都自种茶树，像湖州的山桑寺、儒师寺，凤亭山的飞云寺、曲水寺，钱塘的天竺寺、灵隐寺，常州的善权寺等。其中最为著名的当属余杭的径山寺，它为中国茶文化、中国茶艺的传播做出了不朽的贡献，后来成了日本茶道的源头。

径山，位于浙江省余杭县境内，是天目山的东北高峰。这里古木参天，山峦重叠，溪水淙淙，峰上还有口名"龙井"的泉水，极为清冽甘甜，故此地多产佳茗。山中的径山寺始建于唐代，自宋至元一直为江南禅林之冠，曾是历代日本僧人来中国求学取经之地。

"径山茶宴"极具盛名，是径山寺以茶代宴的一种专门仪式。如遇有朝廷钦赐袈裟、锡杖之类的庆典时，就会举行茶宴，以本寺所产名茶——径山茶待客。参加茶宴的多为寺院高僧和文人墨客。另外，径山寺饮茶之风颇盛，每年春季僧侣们也常会在寺内举行茶宴，以茶为媒坐谈佛法。

天目青顶茶

天目青顶茶也称"天目云雾茶"或"东坑茶"，产于浙江省临安东天目山东坑、杨岭一带。茶条紧索略扁，形似雀舌，叶质肥厚，色泽绿润且清香持久，滋味鲜爽

《天目山图》黄宾虹（近现代）

天目山产茶历史悠久，山中多云雾，山势较高，茶树为云雾笼罩，色、香、味三者俱胜

茶宴有严格的程序。茶宴开始时，宾主在茶桌前团团围坐。由主持亲自调茶（即注茶），以表敬意。尔后由侍僧——为客人冲沏香茗佛茶，依次递给大家品尝，即为献茶。僧客接茶后，先打开碗盖闻香，再举碗观色，接着才呷茶半口，缀饮，细品茶味，且要发出"啧，啧"之声，此动作称为"行茶"。品罢，客向主称谢，主则谦让答礼，再由侍僧先客后主再次注茶。茶过三巡之后，便开始评论茶品，称赞主人品德，继而是谈佛诵经或联句赋诗等。

举行茶宴是径山寺僧修行生活的重要事项，所以茶宴仪式很郑重，所用茶具、茶品也极为讲究。茶宴有专用茶具，通常会在精致的茶台子内放有砂壶、茶盏、锡制茶罐等物。茶宴所请之客皆为上宾，故所用茶也都为上等茶末。

径山寺

径山寺，始建于唐代，产茶历史很悠久，清代《余杭县志》载："径山寺僧采谷雨茗，用小缶贮之以馈人，开山祖法钦师曾植茶数株，采以供佛，逾年蔓延山谷，其味鲜芳特异，即今径山茶是也。"

径山茶园

129

◆ 民俗茶艺

古老的中国地域辽阔，有 56 个兄弟民族共同栖息生活于此。由于地域环境、历史文化的差异，不同的地方生活风俗也不同，饮茶方式和饮茶习俗自然也异彩纷呈。民俗茶艺是对各地民俗风情茶艺的一个汇总，包括少数民族茶艺、地方特色茶艺等，是中国传统茶艺的一个重要组成部分，而且灿烂异常。

潮汕工夫茶艺

到了潮州，人们常会看到一幅幅提壶擎杯长斟短酌品喝工夫茶的风俗图画。潮州工夫茶发端于陆羽煎茶法，继承了明代壶泡茶技法，又根据乌龙茶的特点创设而成。清人俞蛟的《梦厂杂著·潮嘉风月·工夫茶》载："工夫茶，烹治之法，本诸陆羽《茶经》，而器具更为精致，炉及瓷盘各一，唯杯之数则视客之多寡。先将泉水贮罐，用细炭煎至初沸，投闽茶于壶内冲之，盖定后复遍浇其上，然后，斟而细呷之，气味芳烈，较嚼梅花更为

烹茶四宝

烹茶四宝指的是风炉、玉书碨、孟臣罐和若琛瓯。

1. 风炉：烧水用的小火炉。首选潮安产的红泥火炉。

2. 玉书碨：烧水用的水壶，容水量小。产自潮安的最为著名。

3. 孟臣罐：泡茶用的小壶。以宜兴紫砂壶最好，要求"小浅齐老"，茶壶"宜小"，"小则香气氤氲，大则易于散烫"，"独自斟酌，愈小愈佳"。

4. 若琛瓯：喝茶用的小茶杯。以小、浅、薄、白为佳。小则一口饮尽，浅则水不留底，白能衬托茶色，薄易起香。通常四只一组放在茶盘中。

烧水壶

孟臣罐（清）

红泥大头火炉

茶杯

安溪铁观音

安溪铁观音茶条卷曲、鲜润显红点，叶表带白霜，肥壮圆结，色泽砂绿；整体形状似青蒂绿腹蜻蜓头、螺旋体、青蛙腿。冲泡后汤色金黄浓艳似琥珀，有天然馥郁的兰花香，滋味醇厚甘鲜，回甘悠久，茶香高而持久，可谓"七泡有余香"。叶底肥厚明亮，具绸面光泽

清绝。"书中提到工夫茶的用茶、用具和简单的茶艺程式。

工夫茶所用之茶非常讲究，以乌龙茶类为最佳，其中又以大红袍和安溪铁观音为上品，其他一般茶类都不适合。因为绿茶性寒，伤胃；红茶性热，燥胃。乌龙茶为半发酵茶，性暖且耐泡，所出汤品较浓烈。

工夫茶具别具一格，对与之配套的"烹茶四宝"要求严格，不仅精致、小巧，配备也一定要精良齐备，缺一不可。

品茶时不能一饮而尽，应先举杯置于鼻端闻其清香，再小口啜饮品其味。工夫茶要边饮边冲，连饮三五杯后，需将茶根倒掉，换上新茶叶重新再泡。

藏族酥油茶

在藏族地区流传着这样一句话："宁可三日无粮，不可一日无茶。"藏族地区自古就是中国茶叶的高消费区。

藏族人民喝茶名目繁多，有盐茶、奶茶、酥油茶，其中以酥油茶最为普遍，有客人时常以酥油茶款待，以示主人的盛情。

酥油茶的制法很讲究，所用茶为砖茶或沱茶，先要捣碎才能入锅熬煮。熬好的酥油茶最好趁热喝。当主人将热腾腾的酥油茶端上来时，客人是不能一饮而尽的，要慢慢品饮，还要在碗中留有余茶，这是对主人打茶手艺的赞赏。主人多次斟茶后，如不想再喝，可将余茶礼貌地泼在地上，主人就会心领神会。

文成公主进藏唐卡（达瓦扎西绘）

文成公主嫁给藏王松赞干布，带到藏区大量茶叶。她不仅自己爱饮茶，还经常以茶赐群臣、待亲朋。饮过茶的藏胞感觉肠胃清爽，齿颊留芳，解渴提神，全身轻快。于是饮茶之风从皇宫传向民间，茶叶被视作仙草。相传，酥油茶也是文成公主创制的。她喝不惯当地的牛羊奶，就将茶叶与奶混合熬制，后来就成了现在藏民爱喝的酥油茶。所以她被藏民称为饮茶公主

131

1.熬茶

将捣碎的茶放到茶壶中熬煮，大约半小时后，即可将滤过的茶汁倒入特制的打茶筒内。

2.打茶

打茶筒多为碗口粗、半人高的圆柱形，同时放入适量的酥油和作料。佐料分很多种，可根据个人口味的不同添加，有食盐、糖、芝麻粉、花生仁、松子、鸡蛋等。然后趁热将一根搅棒伸入筒内，不停搅动，目的是让酥油、佐料、茶充分融合在一起。

3.敬茶

待宾客坐好后，主人会将一个盒子放在桌子中间，盒子里装有用炒熟的青稞粉与茶汁捏成的粉团糌粑，同时摆好茶碗。主人倒酥油茶时，会按辈分的大小，先长后幼一一倒上酥油茶，并热情地邀请客人用茶。

图国典粹

茶艺

熬茶炉和茶壶

糌粑盒子

打茶筒

白族三道茶

白族三道茶起源于公元 8 世纪南诏时期，是一种流行于云南省大理白族地区的民族茶文化，为白族待客的隆重礼节。

三道茶的制作很特别，且每道茶所用原料都不一样，分别为苦茶、甜茶和回味茶，白族人民将人生之道寄予茶中，认为人生应该"一苦、二甜、三回味"。它的形成还伴随着一个富有哲理的传说：很久以前，大理有一位手艺高超的老木匠。这天他带着徒弟进山砍树，徒弟刚刚将树砍完便觉口干舌燥，但老师父不让他下山取水。饥渴难耐的徒弟只好随手抓了一把树叶放进口里咀嚼用来解渴。师父问徒弟："味道如何？"徒弟咂舌道："好苦啊！"老师父对徒弟说："要学好手艺，不先吃点苦头怎么行！"说完又领着徒弟将木材锯成板子，刚刚锯好，筋疲力尽的徒弟便累倒了。这时师父从怀里取出水和红糖递给徒弟，徒

白族《敬茶歌》

头道茶，香喷喷，苍山茶绿水清清，先吃苦来后享乐，创业多艰辛。

二道茶，甜津津，吃了保健葆青春，地方名茶配佐料，捧来献佳宾。

三道茶，暖透心，神清气爽脑清新，姜椒桂茶加蜂蜜，健体又强身。

弟饮过红糖水，觉得口不渴了，精神也振作了。师傅说这叫"苦尽甘来"。几年过去了，徒弟就要出师了，师父舀了一碗茶，放上些蜂蜜和花椒叶，让徒弟喝下去后，问道："这茶是苦还是甜？"徒弟回答："甜、苦、麻、辣，什么味都有。"师父听了语重心长地说："这茶跟学手艺、做人的道理差不多，要先苦后甜，还得好好回味。"从此形成了白族三道茶。

云南大理洱海南诏风情岛

第一道"苦茶"

　　用的是云南大理产的感通茶。用特制陶罐烘烤冲沏，茶味以浓酽为佳。寓意人在青年时期要吃得起苦，勇于艰苦创业。

第二道"甜茶"

　　用的是下关产的沱茶。客人喝完第一道茶后，主人重新用小砂罐置茶、烤茶、煮茶，并在茶盅内放入适量的红糖、桂皮、核桃仁等。此道茶味道甜蜜清香，寓意人到中年以后就开始开花结果，有所收获了。

烤茶

下关特级沱茶

第三道"回味茶"

　　寓意人步入老年后，什么都要看淡些，回味人生之路是怎么走过来的。煮茶方法与第二道相同，茶盅内还可放一些蜂蜜、碎乳扇片、花椒粒等辅料。

冲茶

土家族擂茶

擂茶也叫"三生汤"，一般以生茶叶、生米、生姜为主要原料，经过研磨配制后加水烹煮而成。由于地区不同，可分为桃江擂茶、安化擂茶等。土家族擂茶则流行于川、黔、湘、鄂四省交界的武陵山土家族聚居地。

制作程序是先将所有原料按个人口味以一定的比例倒入擂钵中，用擂棍来回用力捣碎，直至三种原料混合研成糊状时，起钵入锅，加水煮沸，熬煮片刻即可食用。

三生汤的由来

传说三国时，张飞带兵进攻武陵壶头山（今湖南省常德县境内）时，正值炎夏酷暑，当地又瘟疫蔓延，张飞及部下数百人病倒。正在危难之际，一位老中医特献祖传除瘟秘方擂茶为将士治病，茶（药）到病除。张飞感激不已，说遇到老汉真是"三生有幸！"从此以后，人们就称擂茶为三生汤了。

擂茶用料

各地擂茶所用原料并不相同，但都是以"三生"为基本原料，再根据当地习惯添加一些食物，土家族制作擂茶时习惯加一些白糖、盐、花生、芝麻、爆米花等

擂茶步骤：冲水

擂茶步骤：细擂

135

基诺族凉拌茶

基诺族聚居的云南省西双版纳景洪县境内的基诺山是著名的普洱茶六大古茶山之一，栽培和利用茶树的历史已有1700多年。基诺族的吃茶法较为原始，跟我国最古老的食茶法——生嚼羹煮很相似。他们不喜欢沏茶和泡茶，而是习惯吃一种用鲜嫩茶叶制作的凉拌茶。

凉拌茶是基诺族饭桌上的一道菜，主料是现采的茶树鲜嫩新梢，辅料是黄果叶、辣椒、大蒜、食盐等。辅料不固定，可依个人的爱好随意添加。

凉拌茶的制作方法很简单，先用手将嫩梢揉碎，然后放到碗里。再将新鲜的黄果叶揉碎，辣椒、大蒜切细，连同适量食盐投入盛有茶树嫩梢的碗中。最后，加少许泉水，用筷子搅匀，放一刻钟左右即可食用。

基诺族女孩

孔明兴茶

诸葛亮，字孔明，号卧龙，是三国时期军事家和政治家，蜀汉的丞相，还是云贵高原的茶农们尊崇的"茶祖"。相传诸葛亮南征时到过六大茶山，为这里的人民留下了最原始的茶树。《普洱府志》记载："旧传武侯遍历六山，留铜锣于攸乐，置铜镘于莽枝，埋角砖于蛮砖，遗木梆于倚邦，埋马蹬于革登，置撒袋于曼撒，固以名其山。"该志还提到，大茶山中有孔明山。传说三国时诸葛亮路过勐海南糯山，士兵因水土不服而生眼病。诸葛亮以手杖插于石头寨的山上，遂变为茶树，长出叶子。士兵摘叶煮水，饮之病愈，以后南糯山就叫孔明山。

六

茶技演示

中国传统茶艺中的茶技不仅是对茶的冲泡，还包括品饮、感悟等多层次的内容，通过茶艺使品茶人去感受茶之形、茶之味、茶之韵、茶之道。

泡茶手法

所有的泡茶手法都要遵循以下要领：柔和优美，不要死板僵硬；简洁明快，不要有多余的动作；圆融流畅，不要直来直往；连绵自然，不要时断时续；寓意雅正，不要故弄玄虚。

取用器物手法

捧取法：以女性坐姿为例。搭于前方桌沿的双手慢慢向两侧平移至肩宽，向前合抱欲取的物件（如茶样罐），双手掌心相对捧住基部移至需安放的位置，轻轻放下后双手收回；再去捧取第二件物品，直至动作完毕复位。多用于捧取茶样罐、奢匙筒、花瓶等稍大的立式物件。

端取法：双手伸出及收回动作同前法，端物件时双手手心向上，掌心下凹作"荷叶"状，平稳移动物件。多用于端取赏茶盘、茶巾盘、扁形茶荷、茶匙、茶点、茶杯等。

提壶手法

以侧把壶为例，右（左）手拇指与中指勾住壶把，无名指与小拇指并列抵住中指，食指前伸呈弓形压住壶盖的盖钮或其基部，提壶。

取用器物手法

捧取法

端取法

提壶手法

提壶法

◆ 握杯手法

闻香杯：右手虎口分开，手指虚拢成握空心拳状，将闻香杯直握于拳心；也可双手掌心相对虚拢作合十状，将闻香杯捧在两手间。

品茗杯：右手虎口分开，大拇指、食指握杯两侧，中指抵住杯底，无名指及小指则自然弯曲，称"三龙护鼎法"；女士可以将无名指与小指微外翘呈兰花指状，左手指尖可托住杯底。

盖碗：右手虎口分开，大拇指与中指扣在杯身中间两侧，食指屈伸按在盖钮处，无名指及小指自然搭扶碗壁。女士应双手将盖碗连杯托端起，置于左手掌心后如前握杯，无名指及小指可微外翘作兰花指状。

◆ 温具手法

温壶法

浇淋壶身，开盖，左手大拇指、食指与中指按于壶盖的壶纽上，揭开壶盖，提腕依半圆形轨迹将其放入茶壶左侧的盖置上。

注汤，右手提开水壶，按逆时针方向回转手腕一圈，低斟，使水流沿圆形的茶壶口冲入；然后提腕令开水壶中的水高冲入茶壶；待注水量为茶壶总容量的1/2时复压腕低斟，令开水壶及时断水，轻轻放回原处。

加盖，左手完成，将开盖顺序颠倒即可。

温壶，双手取茶巾横覆在左手手指部位，右手三指握茶壶把放在左手茶巾

握杯手法

闻香杯	品茗杯	盖碗

图国
典粹

茶艺

开盖

低斟注汤

提腕高冲

温壶

上，双手协调按逆时针方向转动手腕如滚球动作，令茶壶壶身各部分充分接触开水，将冷气涤荡无存。

倒水，根据茶壶的样式以正确手法提壶将水倒入水盂。

温杯法

大茶杯。右手提开水壶，逆时针转动手腕，令水流沿茶杯内壁冲入约总容量的1/3后，右手提腕断水；逐个注水

完毕后开水壶复位。右手握茶杯基部，左手托杯底，右手手腕逆时针转动，双手协调令茶杯各部分与开水充分接触。涤荡后将开水倒入水盂，放下茶杯。

小茶杯。翻杯时即将茶杯相连排成一字或圆圈，右手提壶，用往返斟水法或循环斟水法向各杯内注入开水至满，壶复位；右手大拇指、食指与中指端起一只茶杯侧放到邻近一只杯中，用无名指勾动杯底如"招手"状拨动茶杯，令

温杯法

大茶杯

小茶杯

其旋转，使茶杯内外均用开水烫到，复位后取另一茶杯再温；直到最后一只茶杯，杯中温水轻荡后将水倒去。

温盖碗法

斟水：盖碗的碗盖反放着，近身侧，略低且与碗内壁留有一个小缝隙。提开水壶逆时针向盖内注开水，待开水顺小隙流入碗内约 1/3 容量后右手提腕令开水壶断水，开水壶复位。

翻盖：右手如握笔状取渣匙插入缝隙内；左手手背向外护在盖碗外侧，掌沿轻靠碗沿；右手用渣匙由内向外拨动碗盖，左手大拇指、食指与中指随即将翻起的盖正盖在碗上。

烫碗：右手虎口分开，大拇指与中指搭在碗身中间部位内外两侧，食指屈伸抵住碗盖盖钮下凹处；左手托住碗底，端起盖碗右手手腕呈逆时针运动，双手协调令盖碗内各部位充分接触热水后，放回茶盘。

倒水：右手提盖钮将碗盖靠右侧斜盖，即在盖碗左侧留一小隙；依前法端起盖碗平移于水盂上方，向左侧翻手腕，水即从盖碗左侧小隙中流进水盂。

◆ 置茶手法

开闭茶罐

套盖式茶样罐。双手捧住茶样罐，两手大拇指用力向上推外层铁盖，边推边转动茶样罐，使各部位受力均匀，这样比较容易打开。当其松动后，右手虎口分开，用大拇指与食指、中指抵住外盖外壁，转动手腕取下后按抛物线轨迹移放到茶盘右侧后方角落；取茶完毕仍以抛物线轨迹取盖扣回茶样罐，用两手食指向下用力压紧盖好后放下。

压盖式茶样罐。双手捧住茶样罐，右手大拇指、食指与中指捏住盖钮，向

温盖碗法

套盖式开闭茶罐

压盖式开闭茶罐

上提盖沿抛物线轨迹将其放到茶盘中右侧后方角落；取茶完毕依前法盖回放下。

取茶样

茶荷、茶匙法：左手横握已开盖的茶样罐，开口向右移至茶荷上方；右手以大拇指、食指及中指三指手背向上转动茶匙，伸进茶样罐中将茶叶轻轻扒出投进茶荷内；目测估计茶样量，认为足够后，右手将茶匙搁放在茶荷上；依前

法取盖压紧盖好，放下茶样罐；右手重拾茶匙，从左手托起的茶荷中将茶叶分别拨进冲泡具中。

茶匙法：左手竖握（或端）住已开盖的茶样罐，右手放下罐盖后弧形提臂转腕向茶道组边，用大拇指、食指与中指三指捏住茶匙柄取出；将茶匙插入茶样罐，手腕向内旋转舀取茶样；左手应配合向外旋转手腕令茶叶疏松易取；茶匙舀出的茶叶直接投入冲泡器；取茶毕

茶荷、茶匙法　　　　　　茶匙法　　　　　　　　茶荷法

右手将茶匙复位；再将茶样罐盖好复位。此法可用于多种茶的冲泡。

茶荷法：右手握（托）住茶荷桶，从箸匙筒内取出（茶荷口朝向自己），左手横握已开盖的茶样罐，凑到茶荷边，手腕用力令其来回滚动，茶叶缓缓散入茶荷；将茶叶由茶荷直接投入冲泡具，或将茶荷放到左手（掌心朝上虎口向外），令茶荷口朝向自己并对准冲泡器具壶口，右手取茶匙将茶叶拨入冲泡具；足量后右手将茶匙复位，两手合作将茶样罐盖好放下。这一手法常用于乌龙茶泡法。

◆ 冲泡手法

冲泡时的动作要领：头正身直、目不斜视；双肩齐平、抬臂沉肘；神与意合，心无旁骛（一般用右手冲泡，则左手半握拳自然搁放在桌上）。

单手回转冲泡法：右手提开水壶，手腕逆时针回转，令水流沿茶壶口（茶杯口）内壁冲入茶壶（杯）内。

双手回转冲泡法：如果开水壶比较沉，可用此法冲泡。双手取茶巾置于

单手回转冲泡法

左手手指部位，右手提壶左手垫茶巾部位托在壶底；右手手腕逆时针回转，令水流沿茶壶口（茶杯口）内壁冲入茶壶（杯）内。

凤凰三点头冲泡法：用手提水壶高冲低斟。高冲低斟是指右手提壶靠近茶杯（茶碗）口注水，再提腕使开水壶提升，接着仍压腕将开水壶靠近茶杯（茶碗）继续注水。如此反复三次，恰好注入所需水量即提腕断流收水。

回转高冲低斟法：先用单手回转法，右手提开水壶注水，令水流先从茶壶壶肩开始，逆时针绕圈至壶口、壶心，提高水壶令水流在茶壶口内旋转注入，直至七分满时压腕低斟（仍同单手回转手法）；水满后提腕令开水壶壶流回旋断水。淋壶时也用此法，水流从茶壶壶肩

一壶盖一盖纽，逆时针打圈浇淋。乌龙茶冲泡时常用此法。

◆ 茶巾折合法

长方形（八层式）：用于杯（盖碗）泡法时，以此法折叠茶巾呈长方形放茶巾盘内。以横折为例，将正方形的茶巾平铺桌面，将茶巾上下对应横折至中心线处，接着将左右两端竖折至中心线，最后将茶巾竖着对折即可。将折好的茶巾放在茶盘内，折口朝内。

正方形（九层式）：用于壶泡法时，不用茶巾盘。以横折法为例，将正方形的茶巾平铺于桌面，将下端向上平折至茶巾 2/3 处，接着将茶巾对折；然后将茶巾右端向左竖折至 2/3 处，最后对折即成正方形。将折好的茶巾放于茶盘中，折口朝内。

双手回转冲泡法

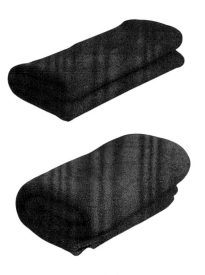

方巾

传统茶艺

传统茶艺是儒释之道、皇家风范、民间风俗等中华传统文化之集合体。人们通过茶艺的展示可以感受到传统中国茶文化的深厚底蕴。

【文士茶茶艺】

文士茶风格清新雅逸、超尘脱俗，重在表现文人茶客隐居山野，与大自然为伴，以饮茶为乐事，追求天人合一的意境。追求"汤清、气清、心清、境雅、器雅、人雅"，故对环境、器具、情致和方法都十分讲究，是传统茶艺中颇具诗意的茶艺之一。这里选用源自江西婺源文士茶道的贵士茶道作为演示。

1 登场
三位展示茶艺的茶艺师穿着传统服饰登场。

2 备具
将需要使用的茶具摆放整齐，这里使用青花盖碗冲泡。

③焚香

虔诚焚香，肃然而拜，为的是敬奉茶神。

④净手

茶艺师在冲泡前应盥洗双手，起到清洁作用。

⑤置茶

拿起茶拨将罐中的茶拨入茶荷中。

⑥赏茶

贵士仙芝茶外形挺秀，白毫披露，香气清高浓郁。

147

7 投茶

将茶荷中的贵士仙芝茶拨入盖碗中。

8 洗茶

将沸水冲入碗中后将水倒入水盂，既清洁茶叶，又温润了茶芽。

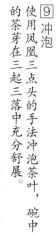

9 冲泡

使用凤凰三点头的手法冲泡茶叶，碗中的茶芽在三起三落中充分舒展。

10 奉茶

将冲泡好的茶交置于茶盘上。

11 敬茶

由副泡将冲泡好的茶敬奉给来宾，来宾双手受之。

12 闻香

将瓯盖轻扬，溢出的茶香顷刻扑鼻而来。

13 鉴色

将瓯盖揭开，观茶芽清亮的汤色。

14 品茗

细细品味佳茗，先轻啜一口于齿颊间，再徐饮慢品，茗香盈口。

15 谢场

茶艺展示完毕，茶艺师行半鞠躬礼，行礼时双手自然交叉于身前。

【禅茶茶艺】

禅茶是中国寺院茶艺的代表，它不仅体现了寺院茶艺的精髓，也蕴含着做人的道理，泡茶首先要务实，然后体会苦空，最终证悟无茶无我、禅茶不二，达到"茶禅一味"的至高境界。

1 备具
准备冲泡所需要的器具香炉、小炉、陶壶、品茗杯等。

2 布具
将所有的器具摆放整齐，准备冲泡。

③ 焚香
盥洗双手以后点燃盘香，营造出冲泡意境。

④ 赏茶
这里使用的是普洱散茶。

⑤ 烤具
将陶壶置于小炉上烘烤，提高壶身热度。

7 烤茶
把陶壶重新置于小炉上将茶烤出茶香。

6 投茶
用茶拨将茶叶罐中的普洱茶投入烤热的陶壶中。

9 煎茶
将注入水的陶壶置于小炉上煎茶。

8 注水
缓缓将水注入陶壶中。

153

10 匀茶
将煎好的茶水分别均匀地分入每个品茗杯中。

11 奉茶
将分好的茶敬奉给来宾。

12 供茶
虔诚地将冲泡好的茶汤供奉给『茶圣（神）』。

13 饮茶
用心品味茶的滋味及茶的神韵。

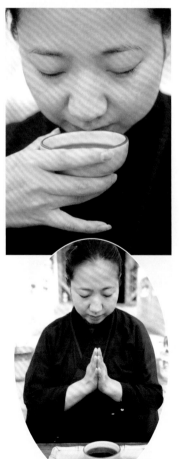

14 谢茶
最后以谢茶收场。

【潮州工夫茶茶艺】

潮州工夫茶早在盛唐时便已形成，是中国工夫茶的最古老型种遗存。从早期一步步发展至今，也经历了很多的发展和演变。

1 茶具讲示
茶艺师就坐，给来宾介绍冲泡用具。

2 泥炉生火
将泥炉中放入炭（以榄核烧成的炭最好），燃起备用。

3 砂铫掏水
用竹筒舀水，倒入砂铫。

155

④ 榄炭煮水

将煮水壶置于泥炉上，将水煮开。

⑥ 壶纳乌龙

将茶叶拨入茶壶中，用的茶叶是凤凰单丛。

⑤ 热洗茶盅

用沸水冲烫壶身，并将热水倒入茶杯。

⑧ 壶盖刮沫
用壶盖刮去漂于壶口的泡沫，盖上壶盖。

⑦ 提铫高冲
将沸水冲入壶中。

⑩ 关公巡城
用关公巡城的手法将冲泡好的茶汤均匀地分入每一个品茗杯中。

⑨ 烫杯滚杯
用狮子滚绣球的手法烫洗茶杯。

[11] 韩信点兵
将壶中最后一点浓郁的茶汤分别点入每一杯茶中，以使每杯茶浓淡均匀。

[12] 敬请品味
将分好的茶敬奉给每一位来宾品尝。

[13] 先闻凤凰茶香
先闻凤凰单丛浓郁甘洌的茶香。

[14] 和气品啜
慢慢品味凤凰单丛所特有的浓醇滋味。

【普洱茶烤茶茶艺】

早在古代，人们就对普洱茶有了很深刻的了解，在饮用上也有多种不同方法，其中烤茶算是饮用普洱茶较为古老的一种方法。

1 汲水
取天然清泉水入壶煮之。

2 温壶
将小火炉点燃，先将陶壶置于火炉上烘烤加热。

3 赏茶
使用的是有消积食、化淤气功效的散普洱茶。

159

④ 拨茶

将茶叶罐中的茶叶拨入已经预热的陶壶中。

⑤ 烤茶

将拨入了茶的陶壶重新置于火炉上烘烤。

⑥ 注水

将清泉水缓缓注入陶壶中。

7 煎茶

将陶壶中的茶继续置于火炉上煎烤。

8 分茶

茶煎好后，均匀分入每个品茗杯中。

161

参考资料：

常璩. 华阳国志. 北京：商务印书馆，1926

蔡襄. 茶录. 北京：商务印书馆，1934

熊蕃. 宣和北苑贡茶录. 北京：商务印书馆，1935

许次纾. 茶疏. 北京：商务印书馆，1935

陈祖槼，朱自振编. 中国茶叶历史资料选辑. 北京：农业出版社，1981

王伯敏. 中国绘画史. 上海：上海人民美术出版社，1982

陈椽. 茶叶通史. 北京：农业出版社，1984

陆羽. 茶经. 台北：台湾商务印书馆，1984—1987

徐光启. 农政全书. 台北：台湾商务印书馆，1984—1987

周高起. 阳羡茗壶系. 上海：上海书店，1985

李时珍. 本草纲目·茶录. 上海：上海书店，1985

顾元庆. 茶谱. 上海：上海书店，1985

吴觉农. 茶经述评. 北京：农业出版社，1988

陈宗懋. 中国茶经. 上海：上海文化出版社，1992

沈括. 梦溪笔谈. 沈阳：辽宁教育出版社，1997

冯先铭. 中国古陶瓷图典. 北京：文物出版社，1998

陈彬藩，余悦，关博文. 中国茶文化经典. 北京：光明日报出版社，1999

陈宗懋. 中国茶叶大辞典. 北京：中国轻工业出版社，2000

中国大百科全书总编委会. 中国大百科全书. 北京：中国大百科全书出版社，2009

茶艺